国家级一流本科专业建设点配套教材·服装设计专业系列
高等院校艺术与设计类专业"互联网+"创新规划教材

丛书主编｜任　绘
丛书副主编｜庄子平

服饰品设计制作

任　绘　蒋卓君　刘施序　编著

北京大学出版社
PEKING UNIVERSITY PRESS

内 容 简 介

服饰品设计制作是服装与服饰品设计专业的一门必修课程，也是设计与制作相结合的一门实践性学科。本课程旨在培养学生在设计过程中对立体空间思维的想象力与空间造型的塑造能力，对设计作品款式、造型、结构设计的创新能力，对设计作品的虚实空间把控能力，以及成为一名优秀的服装与服饰品设计师所必备的技能。本书基于艺工相结合，深入挖掘艺术设计与工艺制作技法，介绍了服饰品设计技巧与设计过程中的创新思维转化要点，对经典的服饰品设计教学案例进行解析，并从空间美学、造型审美、节奏比例、空间虚实等角度出发，指导学生在打下坚实的立体空间形态塑造能力的同时，注重培养服饰品设计制作与审美的综合能力。

本书可以作为高等院校服装与服饰品设计专业的教材，也可以作为广大从事服装与服饰品设计工作者的参考用书。

图书在版编目（CIP）数据

服饰品设计制作 / 任绘，蒋卓君，刘施序编著 . —— 北京：北京大学出版社，2025.1. ——（高等院校艺术与设计类专业"互联网 +"创新规划教材）. ——ISBN 978-7-301-35738-5

Ⅰ．TS941.2

中国国家版本馆 CIP 数据核字第 2024BE5627 号

书　　　名	服饰品设计制作	
	FUSHIPIN SHEJI ZHIZUO	
著作责任者	任　绘　蒋卓君　刘施序　编著	
策 划 编 辑	孙　明　蔡华兵	
责 任 编 辑	蔡华兵	
数 字 编 辑	金常伟	
标 准 书 号	ISBN 978-7-301-35738-5	
出 版 发 行	北京大学出版社	
地　　　址	北京市海淀区成府路 205 号　100871	
网　　　址	http://www.pup.cn　　　新浪微博：@ 北京大学出版社	
电 子 邮 箱	编辑部 pup6@pup.cn　　　总编室 zpup@pup.cn	
电　　　话	邮购部 010-62752015　　发行部 010-62750672　　编辑部 010-62750667	
印 刷 者	天津中印联印务有限公司	
经 销 者	新华书店	
	889 毫米 ×1194 毫米　16 开本　8.75 印张　194 千字	
	2025 年 1 月第 1 版　2025 年 1 月第 1 次印刷	
定　　　价	59.00 元	

序言

纺织服装是我国国民经济传统支柱产业之一，培养能够担当民族复兴大任的创新应用型人才是纺织服装教育的重要任务。鲁迅美术学院染织服装艺术设计学院现有染织艺术设计、服装与服饰设计、纤维艺术设计、表演（服装表演与时尚设计传播）4个专业，经过多年的教学改革与探索研究，已形成4个专业跨学科交叉融合发展、艺术与工艺技术并重、创新创业教学实践贯穿始终的教学体系与特色。

本系列教材是鲁迅美术学院染织服装艺术设计学院六十余年的教学沉淀，展现了学科发展前沿，以"纺织服装立体全局观"的大局思想，融合了染织艺术设计、服装与服饰设计、纤维艺术设计专业的知识内容，覆盖了纺织服装产业链多项环节，力求更好地为全产业链服务。

本系列教材秉承"立德树人"的教育目标，在"新文科建设""国家级一流本科专业建设点"的背景下，积聚了鲁迅美术学院染织服装艺术设计学院学科发展精华，倾注全院专业教师的教学心血，内容涵盖服装与服饰设计、染织艺术设计、纤维艺术设计3个专业方向的高等院校通用核心课程，同时涵盖这3个专业的跨学科交叉融合课程、创新创业实践课程、产业集群特色服务课程等。

本系列教材分为染织服装艺术设计基础篇、理论篇、服装艺术设计篇、染织艺术设计篇、纤维艺术设计篇5个部分，其中，基础篇、理论篇涵盖染织艺术设计、服装与服饰设计、纤维艺术设计3个专业本科生的全部专业基础课程、绘画基础课程及专业理论课程；服装艺术设计篇、染织艺术设计篇、纤维艺术设计篇涵盖染织艺术设计、服装与服饰设计、纤维艺术设计3个专业本科生的全部专业设计及实践课程。

本系列教材以服务纺织服装全产业链为主线，融合了专业学科的内容，形成了系统、严谨、专业、互融渗透的课程体系，从专业基础、产教融合到高水平学术发展，从理论到实践，全方位地展示了各学科既独具特色又关联影响，既有理论阐述又有实践总结的集成。

本系列教材在体现了课程深厚历史底蕴的同时，展现了专业领域的学术前沿动态，理论与实践有机结合，辅以大量优秀的教学案例、社会实践案例、思考与实践等，以帮助读者理解专业原理、指导读者专业实践。因此，本系列教材可作为高等院校纺织服装时尚设计等相关学科的专业教材，也可为从事该领域的设计师及爱好者提供理论与实践指导。

中国古代"丝绸之路"传播了华夏"衣冠王国"的美誉。今天，我们借用古代"丝绸之路"的历史符号，在"一带一路"倡议指引下，积极推动纺织服装产业做大做强，不断地满足人民日益增长的美好生活需要，同时向世界展示中国博大精深的文化和中国人民积极向上的精神面貌。因此，我们不断地探索、挖掘具有中国特色纺织服装文化和技术，虚心学习国际先进的时尚艺术设计，以期指导、服务我国纺织服装产业。

一本好的教科书，就是一所学校。本系列教材的每一位编者都有一个目的，就是给广大纺织服装时尚爱好者介绍先进思想、传授优秀技艺，以助其在纺织服装产品设计中大展才华。当然，由于编写时间仓促、编者水平有限，本系列教材可能存在不尽完善或偏颇之处，期待广大读者指正。

欢迎广大读者为时尚艺术贡献才智，再创辉煌！

鲁迅美术学院染织服装艺术设计学院院长
鲁美·文化国际服装学院院长
2021 年 12 月于鲁迅美术学院

前言

　　随着时代的发展，服装与服饰品设计行业的内涵更加丰富，不仅传统的服装设计、服装制板等内容得到了更加规范化的发展，而且发展出了服饰品设计、服装表演等相关行业。随着其门类的不断细分，相关课程的教学内容也不断被挖掘，我们需要对现有服装与服饰品设计专业教学模式重新梳理，探索在全球一体化视野下时尚艺术多维度跨界融合的创新性教育；同时，统筹新文科建设，构建新文科跨专业课程体系，并将艺术与科技相融合，促进社会、智库服务及产教思政等互融渗透的有序发展，响应党的二十大报告提出的"繁荣发展文化事业和文化产业"的号召。

　　服饰品设计制作的课程内容正是基于此展开，其教学不仅聚焦于服饰品设计本身，而且对服饰品与服装设计的关系进行了探讨，还对服饰品的设计与实践进行了深度研究。服装与服饰品设计制作是设计与制作相结合的实践课程，是设置在服装与服饰设计专业本科三年级的必修课程，是服装设计向服饰品设计的纵向延伸，针对有一定服装设计基础的学生而开设。这门课程的开设，旨在使学生能够对服饰品的设计理论和设计特点、服饰品设计中头饰的设计工艺和程序有深刻的了解；掌握头饰的造型设计理论和工艺制作方法，在设计制作的过程中培养并提升艺术修养和实践动手能力。学生通过对本课程的学习，能够对服装整体设计、帽子设计、舞台头饰设计、二次元动画设计（换装备）等领域的设计和制作进行详细的了解。

　　服饰品设计制作在服装整体造型设计中占有非常重要的位置，是服装设计中的"点睛之笔"，在设计过程中不仅要考虑服饰品本身的设计风格、款式、材料等，而且要考虑其与服装主体之间的关系，特别是教授学生学会用立体思维方式思考及如何将平面设计效果图转化为立体实物成品，这对学生从平面到多维度的设计转化、研究和解决问题的能力是一次极好的锻炼。对于服装与服饰设计专业的学生来说，实践动手能力是课程设置中重要的一环，因此，本课程内容进行了调整，增加了服饰品制作相关教学环节的教学时间，使学生对服饰品设计的理解不仅仅停留在天马行空的设计上，更多地加入工艺、材料方面的思考，以提高最后服饰品成品的综合效果和质量。在整个服饰品设计制作的教学实践过程中，要求学生进行有深度的设计，在设计中融入个性及内涵，并且遵循合理的制作步骤进行规范操作，在融合艺术性的同时提高实践能力。

　　本书对服饰品设计的基础知识及其设计构思的方法和过程进行了具体阐述，并通过图片实例加强理解，以指导解决学生设计服饰品时遇到的实际问题。本书将服饰品设计制作作为服装设计表现的重要内容进行系统的理论介绍，特别是将头饰设计制作作为重要实践操作提供具体的指导，这在服饰品设计领域堪称首创。本书的编写特点在于：将服饰品设计制作作为设计的主体而非服饰的配件进行深度的剖析和实践解析，为学生平衡创意思维及设计实践能力提供专业的分析和指导。本书在长期教学实践的基础上不断总结教学经验编写而成，符合现代服装与服饰设计的专业要求，可为后续的课程奠定良好的基础。

　　本书力求体现鲁迅美术学院染织服装艺术设计学院专业特色定位与人才培养的目标，即艺术与技术相结合。学生通过本书的学习与相关实践，可以掌握服饰品设计与服装整体设计之间的关系，同时培养创新设计方法与创新思维的转化能力，从而形成较高的艺术理念与文化内涵。

　　由于编写时间仓促，再加上水平有限，书中内容可能存在偏颇之处，敬请广大读者指正。

编者

2024 年 4 月

目录

CONTENTS

第1章
服饰品设计的基础知识

【本章要点】

（1）服饰品的概念。

（2）服饰品的种类。

【本章引言】

服饰品与人类社会的发展和人们的日常生活密切相关。服饰品设计是一种以饰品为设计对象，同时考虑其机能性，选择制作素材并配合服装的整体形态，运用一定的技法来完成，使设计转化为实物的创造性行为。

1.1 服饰品的概念

服饰品，又称服装配饰，是指与服装相关的装饰物，即除服装（上装、下装及裤装）以外的所有附着在人体上的装饰品总称。服饰品设计是服装设计的重要组成部分。所谓"服饰"，"服"是指衣服、穿着，"饰"是指修饰、饰品。服饰品自诞生之日起，就是构成人体外观风貌不可分割的两个部分，两者在漫长的流行变迁中齐头并进，共同记录了人类文化与情感的变迁。恰当地运用服饰品能够使人的穿着更为整体，从而达到更加完美的视觉效果。

服饰品的起源较早，从世界各地考古研究成果中，我们可以看到，人类最早的服饰品出现在数十万年前的旧石器时代。我国发现最早的服饰品是北京周口店山顶洞人的项链（图1.1），原始人用经过工艺加工的钻孔砾石、兽牙、鱼骨、蛤壳等组合穿缀成饰品佩戴在颈部。服饰品在原始人的生活中已经占据很大的比重，服饰品发展到今天，种类繁多。

图1.1 山顶洞人的项链

1.2 服饰品的种类

　　服饰品的起源发展与人类的文明进程密不可分，服饰品已成为现代服装设计领域中不可或缺的一部分。现今的服饰品种类烦琐，分类方法也很多，下面分别从不同的角度对服饰品进行分类。

1.2.1 服饰品按照佩戴部位分类

　　（1）头饰。包括簪、钗（图 1.2）、笄、梳、篦、头花、发夹、步摇（图 1.3）、插花、帽花、帽子等。
　　（2）面饰。包括钿、靥、花黄等。
　　（3）颈饰。包括项链、项圈等。
　　（4）耳饰。包括耳环、耳坠、耳花、耳珰等。
　　（5）鼻饰。包括鼻环、鼻贴、鼻栓等。

图 1.2　钗

图 1.3　步摇

（6）胸饰。包括胸花、胸针等。

（7）臂饰。包括臂钏、手镯、手链、手环、戒指等。

（8）腰饰。包括腰带、腰坠、带口、带钩等。

（9）脚饰。包括脚钏、脚链、脚趾环、鞋、袜等。

（10）包袋。包括背包、腰包、手包等。

1.2.2　服饰品按照材料分类

（1）贵金属类。以金（图 1.4）、银、铂、双色金、三色金等贵金属材料制成的服饰品。

（2）珠宝类。以钻石、祖母绿（图 1.5）、红宝石、蓝宝石、玉石翡翠、珍珠、珊瑚为主要材料制成的服饰品。

（3）雕刻类。以雕刻手段，用兽牙、兽骨、兽角、贝壳、木头等材料制成的服饰品。

（4）陶土类。以彩陶、土陶、釉瓷的制作方式呈现出来的服饰品。

（5）亚克力类。以亚克力为基本原料加工而成的服饰品。

（6）软纤维类。以各类纺织纤维线绳、羊毛毡、绒制服装面料、皮革等软纤维材料制成的服饰品。

（7）高科技材料类。以 3D 打印材料、光导纤维、液态金属等具有高科技含量的材料制成的服饰品。

图 1.4　金饰品

图 1.5　祖母绿饰品

1.2.3　服饰品按照功能性分类

（1）日常用服饰品。日常用服饰品是指在日常生活中人们佩戴的服饰品，如耳环、戒指、项链、手链、吊坠等。

（2）创意性服饰品。创意性服饰品是指用于服装秀场、艺术展示等场合，具有一定设计美感并很少用于日常生活中的服饰品，如服装秀中夸张的头饰、舞台表演中的服饰品，以及艺术展中带有装置意味的服饰品等。

思考与实践

一、填空题

（1）服饰品设计是服装设计的_____，它不仅能点缀服装，而且能增强穿着者的_____效果。

（2）服饰品的分类繁多，按佩戴部位可分为_____、_____、_____、_____、_____、_____等。

（3）服饰品是指除服装外，在穿着中起_____、_____或_____的所有物品。

（4）服饰品设计的基本原则包括_____、_____、_____、_____。

（5）服饰品不是孤立存在的，不可避免地受到_____、_____、_____、_____等因素影响。

二、选择题

（1）服饰品的"三要素"通常指的是（　　　）。

A.色彩、款式、材质 　　　　　　B.品牌、价格、功能

C.风格、舒适度、耐用性 　　　　D.设计、营销、售后

（2）下列选项中（　　　）不属于服饰品的基本分类。

A.首饰 　　　　　　　　　　　　B.箱包

C.服装面料 　　　　　　　　　　D.鞋帽

（3）下列选项中（　　　）不属于传统服饰品的范畴。

A.项链 　　　　　　　　　　　　B.围巾

C. 手机壳   D. 手表

（4）下列选项中（   ）不属于服饰品设计的范畴。

A. 项链、耳环   B. 手表、手镯

C. 领带、围巾   D. 文创产品

（5）服饰品在漫长的服饰发展历程中，起到非常重要的作用，它是指与服装相关的（   ）。

A. 装饰物   B. 品牌

C. 形象   D. 产物

三、实训题

（1）简述服饰品的概念、种类，要求对中外服装的起源时间进行调研并形成文档。

（2）收集 3 组相关服饰品设计灵感来源，要求以 PPT 的形式展示。

第 2 章
服饰品设计的构思 及设计过程方法

【本章要点】

（1）服饰品设计的灵感来源。

（2）服饰品的设计风格。

（3）服饰品的设计定位。

（4）服饰品的设计要点。

【本章引言】

　　服饰品设计的构思及设计过程，是一个要通过搜集灵感来源、确定风格、做好定位、准确把握要点等，逐步完善创作的过程。本章从以上 4 个方面进行深入讲解，引导学生掌握清晰的设计思路和明确的设计方法。

2.1 服饰品设计的灵感来源

灵感也称为灵感思维，是一种思维方式。它是指人们在文学、艺术、科学、技术等活动过程中，在某一瞬间产生的具有突发性的创新思维状态，是一种具有创造性的思维活动。在艺术创作过程中，灵感通常是指在视觉及艺术设计表现上的启迪，在整个设计过程中起到提升创造力的重要作用。因此，瞬间的灵感启发可以引发出新的认知与创造力。服饰品设计同样也需要通过灵感的获取来激发新的创作思路，从而创造出新的作品。

灵感并非任意想象，无迹可寻。设计师的灵感可以来源于各个方面，甚至是生活中的点点滴滴。设计灵感既可以源自本土、全球，又可以源于历史、当代与未来，既可以是具体的事物，又可以是抽象的形象，甚至只是一种感官上的体会。选取恰当的灵感，并将其恰当地融入，才可以创造出全新的设计。

服饰品设计并非简单地画出漂亮的时尚效果图，而是涵盖了从艺术到设计，再到成品制作等更为宽泛的层面。这需要我们去深入理解，并用敏锐的设计眼光、理性的认知与分析来进行表达，只有这样才能有助于设计师提升灵感，有利于作品的创新性表达。

2.1.1 传统文化

传统文化是文明演化而汇集成的反映民族特质和风貌的文化，是民族历史上各种思想文化、观念形态的总体表现。传统文化既是人类长期创造形成的产物，又是人类创造物质财富与精神财富的总和，其中包括历史、人文、地理、风土人情、传统习俗、生活方式、文学艺术、行为规范、思维方式、价值观念等方面。党的二十大报告中指出，"中华优秀传统文化源远流长、博大精深，是中华文明的智慧结晶"。设计师可以从前人创造出的文化价值中提取精华、学习借鉴，并为我所用，使之成为设计过程中的重要原始素材，从而设计出具有文化底蕴和设计内涵的优秀作品。例如，Qeelin珠宝的设计理念是寻求东西方美学精神的整合，并将传统工艺与现代设计元素糅合，创造出一个卓尔不凡的珠宝品牌。

Qeelin珠宝曾推出"Xi Xi 喜狮舞洋"系列珠宝（图2.1），这一系列珠宝首饰是对传统文化的传承和延续。在中国民俗传统中，狮子被认为是可以驱邪辟鬼的神兽，带有吉祥之意。这一系列珠宝以狮子形象元素为设计灵感，衍生出喜狮的艺术形象，设计出灵动活

图 2.1　Qeelin 珠宝推出的"Xi Xi 喜狮舞洋"系列珠宝(图片截取自 https://www.qeelinchina.com)

泼、神采奕奕的喜狮造型。同时，通过珠宝的镶嵌，给喜狮"穿"上一身珠光闪耀、色彩斑斓的衣裳，可以体现穿着者的不凡气度。

2.1.2　流行趋势

服饰品设计紧跟服装流行趋势的发展变化，具有很强的流行性、时效性和阶段性。服饰品设计不仅要创造美，而且要创造时尚、引领潮流。在当今社会网络发达、信息更新频率加快的背景下，设计师要与时俱进地设计出引领时尚的服饰品。所以，服饰品设计紧跟流行趋势的发展变化，也是获取设计灵感的途径之一。

2.1.3　大自然

艺术创作与大自然是密不可分的，服饰品设计也不例外。大自然中的美是独一无二的，它给万物带来了生机盎然的景象。然而，这些景象需要我们不断地探索与发现，用心留意与观察，从中汲取和发现更多灵感。因此，从大自然中汲取灵感是大多数设计师常用的设计方法，这种方法可以给服饰品设计师提供取之不尽、用之不竭的设计灵感来源（图2.2）。在设计作品的创作过程中，设计师通过对大自然灵感元素的提取、梳理、提炼、升华和转化，并将其融入设计作品中，可以设计出富有生命力的服饰品。例如，珠宝品牌 Ilgiz Fazulzyanov 推出的一组以自然为灵感元素的珠宝设计作品（图2.3），与常规的珠宝设计不同，它用超高的相似指数还原了自然界的生物形象，让它们在珠宝设计师灵巧的双手之下变得栩栩如生。

图 2.2　以叶子为灵感来源的服饰品设计

图 2.3　珠宝品牌 Ilgiz Fazulzyanov 推出的一组以自然为灵感的珠宝

2.1.4　时事新闻

时事新闻是指通过报刊、广播电台、电视、网络等媒体报道的事实消息，这些新闻往往是与国际热点、国际民生、社会事件、人民生活密切相关的领域里发生的重要新闻。时事新闻是时代发展和变化的晴雨表，能够极为敏感地反映出社会生活中的方方面面。服饰品设计可以将其作为灵感来源，以时事新闻中的国际重大事件为背景来进行设计。例如，美国男子职业篮球联赛总冠军戒指（图 2.4）虽然装饰并不是非常豪华，但是人性化的设计使其具有极大的收藏价值和纪念价值。其设计点非常巧妙，如总冠军戒指上刻有获得总冠军的年份、球队的名称，而且每个球员的戒指上也都刻有自己的名字，有的还会刻上常规赛、季后赛战绩等夺冠赛季值得纪念的信息等。这种设计把纪念意义与人性化的创意设计紧密地结合到一起，因此成为服饰品设计中的经典范例。

图 2.4　美国男子职业篮球联赛总冠军戒指（2016）

2.1.5　素材积累

　　党的二十大报告明确了"把实现人民对美好生活的向往作为现代化建设的出发点和落脚点"。我们身边不缺美的东西，而是缺乏发现美的灵感。通常，灵感是偶然发生的意想不到的一种思维想象，从表面上容易被认为是不经思考而产生的一种思维状态。因此，一些设计师为了随时随地的捕捉到这种灵感信息，会随身携带一个小本子，用来记录灵感信息，并在恰当的时机将自己的手札（图 2.5）中的记录内容进行转化到设计作品中。艺术来源于生活，日常积累对于设计师来说显得格外重要。

　　在日常生活中，收集灵感素材的渠道很多，如深入生活采风、考察市场、参加博览会等可以获得直接信息，还可以通过图书、杂志、网络、音乐、电影等获得间接信息。收集素材和信息时，可以采用勾画形象和文字记录相结合的方法，收集、描绘、记录下自己感兴趣的信息。通过对所搜集的素材进行整理、分析、研究，从中提炼出所需要的设计元素，然后

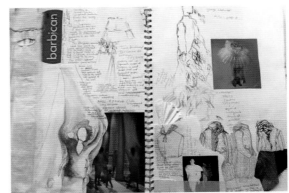

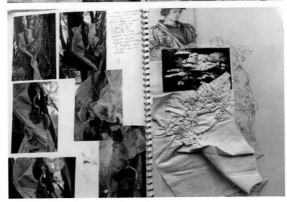

图 2.5　设计师手札

与最初的设计创意进行有序的结合，从而创造出优秀的设计作品。例如，图 2.6、图 2.7 所示分别为以调色盘和积木为灵感来源的服饰品设计。

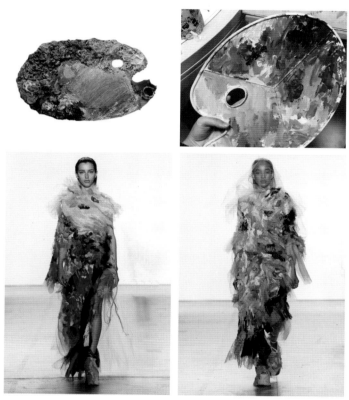

图 2.6 以调色盘为灵感来源的服饰品设计

图 2.7 以积木为灵感来源的服饰品设计

2.1.6 建筑艺术

建筑艺术（图2.8）遵循美的规律，运用建筑的设计语言，使得建筑具有文化价值和审美价值。它以空间实体的造型和结构与相关艺术相结合，同时与自然环境相关联，并通过合理的实用功能和先进的技术手段来显示其艺术价值和审美价值。建筑艺术形象（图2.9）具有反映社会生活和经济基础的功能。独特的建筑造型与艺术形式可以给予人们很多灵感，因此，很多服饰品设计师会从建筑艺术中汲取设计养分并加以升华，来进行服饰品艺术设计（图2.10、图2.11）。

图2.8 建筑艺术

图2.9 建筑艺术形象

图 2.10　以建筑艺术为灵感来源的服饰品设计

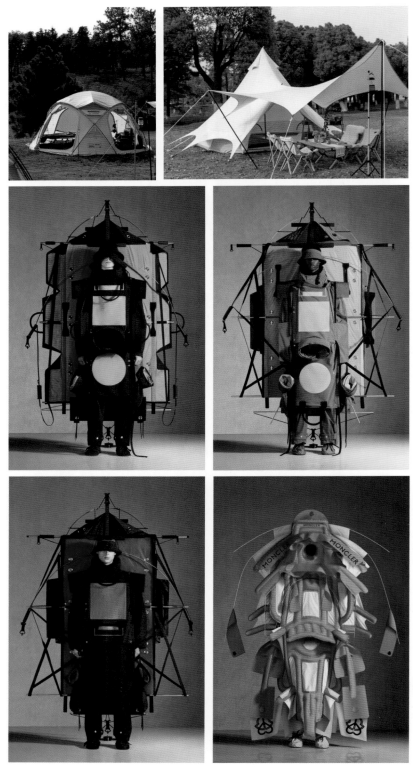

图 2.11　以帐篷为灵感来源的服饰品设计

2.2　服饰品的设计风格

服饰品的设计创作，由于题材、材料和个人审美观念的不同，作品的内容和表现形式会具有各自鲜明的设计特征，这些特征主要表现在设计的形式感、色彩感、材料选择上。

服饰品设计的整体风格是在一定条件下产生的，它包含社会时代背景、政治、经济、民族文化及人们的素质修养等因素。

2.2.1　古典风格

古典风格起源于古希腊、古罗马时期，强调对人体自然美好的推崇，追求宫廷格调，带有怀旧的艺术气息和贵族的味道，表现出上流社会雍容华贵、气度不凡的气质。这种风格的主要特征取决于各个历史时期贵族服饰文化的形态特点，一般采用传统的手工艺制作，做工精湛，细节精致考究，具有较强的装饰性。

一般来说，古典风格分为东方古典风格与西方古典风格两种类型。东方古典风格的服饰品高雅、端庄，有"静水流深"的魅力（图 2.12）；西方古典风格的服饰品华贵、精美、装饰绚丽，有一种高贵的风范（图 2.13）。如果从现代艺术角度分析，古典风格的服饰品细节精美、典雅传统，裁剪合体，款式上不夸张，面料上乘，一般选用真丝、纱、丝绒、羊绒、针织等细密精致又具挺括感的面料；在图案上一般采用花纹、方格、条纹等排列整齐并附有意境美感的图案，服饰品的搭配非常有品质感。

西方古典风格又分为古希腊风格、古罗马风格、古埃及风格、欧洲中世纪风格、法国巴洛克风格、文艺复兴风格、法国洛可可风格、维多利亚风格等。其中，法国巴洛克风格的珠宝服饰品被视为古典风格服饰品的代表。这类服饰品多以宫廷珠宝为范本，其特点是所用材料为金、铂、银等贵金属；所用宝石材料高档，主石大而华丽，周围镶嵌大量配石；在款式上突出宝石重于贵金属；色彩对比强烈；在造型上多采用对称设计，如有线条装饰，线条多被盘曲夸张成藤蔓状，柔软优美；有些设计严谨、内敛，加工工艺细腻精湛，具有较高的价值。这类服饰品豪华、贵重，具有王者之气。

图 2.12　东方古典风格服饰品设计

图 2.13　西方古典风格服饰品设计

2.2.2　民族风格

民族风格的服装，是一个民族在长期的历史发展过程中，创造和发展起来的具有本民族艺术特征的服饰品样式，它与本民族的社会结构、政治经济、文化修养、思想情感、生活习惯等息息相关。民族风格服饰品是在特定的生活环境氛围下，在自然发展过程中形成，符合本民族的审美意识和特殊性的服饰品风格。这种服饰品风格往往能够体现出时代性、民族性和阶级性的特殊化属性，由风俗习惯和艺术传统等因素构成（图 2.14）。

图 2.14　民族风格服饰品设计

民族风格服饰品的元素非常丰富，这需要设计师运用艺术的眼光进行精挑细选，从中提取精粹，运用现代化的设计方式将民族的艺术进行整合，使精湛的民族风格具有现代化的时尚气息，逐步形成传统与现代的完美融合与创新。在设计创作的过程中，设计师以传统的古典韵味为设计出发点，经过艺术手段的加工与塑造，设计出具有深厚文化底蕴的服饰品。这种富有创意的现代气息的服饰品如同现代的艺术品一样，其视觉冲击力既不是任意的组合，又不是单纯造型元素和色彩元素的叠加，而是对

图 2.15　带有旗袍元素首饰设计

某种观念的表达和对民族元素的准确诠释。例如，图 2.15 所示的设计灵感来源于中国的旗袍这一传统的元素，设计师通过艺术化的处理方式设计出这件服饰品，在体现浓厚的中国传统文化艺术的同时展现了现代的时尚风范。

2.2.3 田园风格

田园风格是一种回归自然、具有田园气息的设计风格，不过这里的田园并非乡村的田园，而是一种贴近自然、清新恬淡、超凡脱俗的风格。田园风格倡导"回归自然"的美学理念，认为只有崇尚自然、结合自然，才能在当今高新科技、快节奏的现代社会中获取生理和心理上的平衡。因此，田园风格力求表现悠闲、舒畅、自然的生活情趣，其设计风格崇尚自然，反对虚假华丽，追求一种纯净、清新自然的一种气象；设计手法更贴近自然，同时展现出恬静、清新、朴实的生活气息。田园风格包含很多种，有法式田园、英式田园、美式乡村、中式田园等。田园风格的服饰品设计元素主要来源于乡间的美丽景色、蔚蓝的天空、明媚的阳光和柔柔的微风等，这些元素都给人们无尽的恬静、放松的想象空间，同时充满了大自然的生机与活力。因此，田园风格的服饰品清新自然、清丽脱俗（图 2.16）。

图 2.16 田园风格服饰品设计

2.2.4　波普风格

　　波普风格是一种流行风格，它既是一种艺术表现形式，又是一种艺术的风格流派。波普艺术最早产生于在 20 世纪 50 年代初期的英国，又称"新写实主义"和"新达达主义"，是 20 世纪唯一获得大众赞美和认可的艺术流派。波普风格以独特的图型、色彩和形式语言为特点，运用夸张、大胆、抽象的视觉冲击表现手法，用现实生活中典型的艺术形象来表达实实在在的写实主义。波普艺术最典型的艺术表现形式就是图案。波普风格一般情况下会塑造出复杂的图案艺术形体、比现实生活更为典型和夸张的图案形象，这种图案艺术形象具有流行的属性，贴近人们当下的时尚生活，用直观和客观的形式表现出高雅的生活，和街头流行元素融为一体。波普风格的服饰品突破了传统服饰品的限制，为设计师提供了无限的创作空间，使时尚更加多元化、个性化。其通常表现为色彩绚丽，对比强烈、夸张。波普风格是对传统的艺术形式的一种颠覆，在反传统的同时，服饰品的款式、造型、形态变化多样，是对个性化的一种全新表达（图 2.17）。

图 2.17　波普风格服饰品设计

2.2.5　波西米亚风格

波西米亚风格是源自捷克布拉格的一种浪漫风格，是追求自由的波西米亚人在浪迹天涯的旅途中形成的一种艺术风格。波西米亚风格是自由浪漫、热情奔放的代名词。波西米亚风格服饰品的特点是色彩丰富、手工装饰粗犷，同时搭配厚重的面料，以及层叠的蕾丝、皮质的流苏、蜡染印花、手工细绳结、刺绣、珠串等经典元素。波西米亚风格服饰品款式多样，造型夸张，材料丰富，多以皮绳、合金材料、做旧材质、天然染色石头、中低档宝石为主；身体上任何能披挂首饰的部位，如耳朵、颈前、指尖、手腕、腰间、脚腕等处都佩戴饰物，走起路来叮当作响。波西米亚风格代表着一种前所未有的浪漫化、民俗化、自由化，也能使穿着之人显露出艺术家气质。其浓烈的色彩给人以强烈的视觉冲击力，是一种时尚潮流，同时倡导反传统的生活模式。而且，其艺术风格和装饰元素深深地影响着时尚界，是服饰行业的一场革命（图 2.18）。

图 2.18　波西米亚风格服饰品设计

2.2.6　非洲风格

　　非洲风格整体上传承了非洲大陆的粗犷元素，整体色调偏于重色调，稳重而耐脏。由于受自然环境的影响和历史发展的时代进程制约，非洲的服饰品艺术依旧保持着古朴、自然、稚拙、简洁、深沉的原始艺术信息，在世界范围内形成了独具一格的风格特征。同时，在这块神奇的土地上也孕育了古老传统所演绎的文化变迁，能够让人在感受到一种久违温馨古朴的气息的同时，能体会到时间年轮中传达出的原始拙味，非洲舞蹈、面具和木雕是其典型的代表。因此，非洲风格的服饰品多采用自然元素，如动物、植物、几何图案等，这些图案通常以对称、重复和对比等形式呈现，通常代表着力量、勇气和神秘；同时，服饰品色彩鲜艳，喜欢用对比色进行搭配，善于利用刺绣、珠子和金属片等装饰来增加服饰品的层次感和立体感（图 2.19）。

图 2.19　非洲风格服饰品设计

2.2.7 军装风格

军装风格起源于军队制服，早先一些欧洲的服装设计师受两次世界大战的影响，开始把军队制服中的设计元素运用到服装设计中，受到了极大的欢迎。其代表性的元素有口袋、垫肩、立领、纽扣、裤装、军装大衣、跳伞服和背带裤等，整体服装风格呈现出硬朗、稳重、男性化的特点。这种设计在造型、款式、色彩、面料机能等方面模仿军装。在款式结构上注重舒适性和功能性，面料具有透气性和耐用性等特点；同时，色彩与自然环境相适应，多采用米黄色、军绿色、海军蓝或蓝白色，图案则是迷彩形式。军装风格服饰品大多以肩章、领徽、帽徽、绶带等军装上的装饰物为原型来进行设计，造型硬朗、色彩夺目，展现出硬朗、率性的个性魅力（图2.20）。在现代社会中，引领时尚潮流的时装设计师不时推出军装风格的时装，掀起一波又一波的流行浪潮。

图 2.20 军装风格服饰品设计

2.2.8　朋克风格

早期朋克风格的典型装扮是用发胶给头发塑形，搭配窄身牛仔裤，加上一件不系纽扣的白衬衣，再戴上一个耳机，听着朋克音乐。其中，皮革或夹克是朋克风格中不可或缺的元素之一。到 20 世纪 90 年代以后，时装界才出现了后朋克风潮，以其独特的叛逆和反传统文化而备受瞩目。这种风格强调个性化、反传统、挑战权威和自由精神。朋克风格服饰品的设计特点别具一格，包括鲜明的色彩、多样化的材质，以及皮革、金属、刺绣、印花等元素；图案装饰常见的有骷髅、皇冠、英文字母等，在制作时常镶嵌闪亮的水钻或亮片，整体上更加鲜明、有活力（图 2.21）。

图 2.21　朋克风格服饰品设计

2.2.9　OL（办公）风格

　　OL 是英文"Officelady"的缩写。OL 风格即办公风格，是一种以优雅、干练、简约为主导的风格，通常是指上班族女性的着装、佩戴风格。这种风格注重展现女性专业素养和成熟魅力，是现代职业女性追求的时尚潮流之一。OL 风格服饰品一般来说以简洁、大气、干练、利落、精致等特点为主，注重简约大气的质感，没有过多的装饰和烦琐的细节，以简洁的线条和流畅的剪裁展现出成熟女性的优雅气质（图 2.22）。

图 2.22　OL 风格服饰品设计

2.2.10　洛丽塔风格

　　洛丽塔是"Lolita"的音译。Lolita 源自外国作家弗拉基米尔·纳博科所著小说 *Lolita* 女主角的名字。日本人将"Lolita"称为天真可爱少女的代名词。洛丽塔风格是一种浪漫、梦幻的服装风格，借鉴了许多欧洲近代文艺复兴时期、浪漫主义时期的服饰设计元素，如维多利亚时期的装扮、洛可可风格、巴洛克风格、哥特风格，并将这些风格元素提取再创新。这种服饰品风格以其独特的款式和色彩而闻名，服装以短裙、泡泡袖、荷叶边等元素为主，同时与鞋子和帽子进行搭配，以突出整体造型的精致感和协调性（图 2.23）。

图 2.23　洛丽塔风格服饰品设计

2.2.11 森林系风格

森林系风格源于日本，近年来在亚洲逐渐流行，成为一种时尚的生活方式。喜欢穿着这种风格服饰的人群一般称为"森林系女孩"，泛指气质温柔清新、喜欢穿着质地舒适、崇尚自然的女生，年龄普遍在 20 岁左右，具有不崇尚名牌的生活态度，体现出对自然环境的热爱和向往。这种风格的服饰品多采用质地舒适的棉布，既透气又柔软，色彩柔和以自然色为主色调，如用绿色、棕色、米色营造出清新、自然的感觉。这种返璞归真的生活方式、清新的装扮气息在社会中自成一格，也成为很多年轻女性追求的新典范（图 2.24）。

图 2.24　森林系风格服饰品设计

2.2.12 嬉皮风格

嬉皮风格译自"Hippie Style",本来被用来描述 20 世纪 60 年代西方国家那群为反抗习俗和当时政治而强调自由、反叛和个性的年轻人所追求的风格,后来逐渐成为一种独特且充满活力的既前卫又另类的时尚元素。嬉皮风格延续多种元素混搭的特点,把不同的风格元素混搭在一起。从细节上看,繁复的印花、圆形的口袋、细致的腰部缝合线、粗糙的毛边、珠宝和配饰等,成为个性化的穿着方式;从颜色上看,通常以明亮、鲜艳充满活力的色彩为主,暖色调里的红色、橘色、黄色,冷色调里的蓝色、绿色、紫色,表达出嬉皮风格和对自由、个性的追求;从款式上看,嬉皮风格具有很强烈的个性化特征,不少嬉皮士通过裁剪改变衣服原来的模样,将领口、裙摆等裁剪成其他造型,甚至把衣服、裤子抽出凌乱的须边,加入铆钉等金属元素,使服装的风格更显反叛的激进、颓废和破坏性(图 2.25)。

图 2.25 嬉皮风格服饰品设计

2.2.13 学院风格

学院风格起源于 20 世纪的美国常春藤联盟大学的着装风格，表现为由热衷运动、交际和度假的贵族预科生所引领的衬衫配毛背心或 V 领毛衣的装扮，在 20 世纪 80 年代极为流行。学院风格的类型具体可分为：经典学院风格比较传统，表现为低调的英伦学院风，包括经典、叛逆、条纹、格纹等元素；精致学院风格比较精致，既时尚又具有雅皮感；混搭学院风格比较低调，不修边幅，具有嬉皮感（图 2.26）。

图 2.26　学院风格服饰品设计

2.2.14　运动风格

　　运动风格借鉴运动休闲的设计元素，款式结构廓形以直身为主，造型宽松舒适，内部分割线多使用直线和斜线的块面分割与条状分割；注重舒适性、功能性和时尚感的完美结合，新型科技面料与时尚元素的完美融合是其未来的发展趋势。这种风格经常采用装饰条、拉链、橡皮筋、嵌条、局部印花、商标等进行细节装饰；色彩大多鲜艳明亮，经常使用白色及不同程度的红色、蓝色与黄色等，有时也使用自然色彩（图 2.27 ）。

图 2.27　运动风格服饰品设计

2.2.15　嘻哈风格

　　嘻哈风格也被称为"Hip-Hop"，源自 20 世纪 70 年代美国纽约。它将音乐、舞蹈、涂鸦绘画艺术与服饰品装扮相结合，成为当时比较流行的一种街头风格。从整体来看，这种风格明快、自由，非常注重衣服上的涂鸦元素，具有很高的辨识度，甚至把它作为传达世界观和表达个性的工具。嘻哈风格服饰的特点是"超大尺寸"，最初源于父母为了让快速长大的孩子不至于快速淘汰衣服，经常购买大尺码的衣服给孩子穿，久而久之造就了孩子着装宽大并带有一种叛逆、玩世不恭的特点。虽然嘻哈风格很自由，但还是有明确的服装标准，如宽松的运动裤或休闲的牛仔裤搭配宽松的 T 恤和运动衫，戴上帽子、头巾，再配一双具有个性的运动鞋等，可以打造出随性、自由时尚的服饰风格（图 2.28）。

图 2.28　嘻哈风格服饰品设计

2.2.16　华丽风格

　　华丽风格的服饰品具有奢华感，主要表现为金光闪闪的质感，以及光洁、靓丽的外观设计。从社会的层面来说，华丽是贵族阶级的产物。在当今社会，人们的"富贵观"并未有改变，华丽风格强调的奢华高贵、浪漫和艺术美感，正好能满足人们的本能需求。华丽风格服饰品的特点是材料比较贵重，款式精致考究，一般为高级定制，色彩明亮丰富，兼顾美感与尊贵感，常以金饰、钻石等作为装饰（图 2.29）。

图 2.29　华丽风格服饰品设计

2.2.17 哥特风格

　　哥特服饰与哥特建筑一样具有独特且神秘的质感，表现为永远的黑色和暗色系，配以少量的红色，颜色搭配一般为红黑、黑白或全黑。这种风格主要体现在高耸的冠帽、鞋尖常常呈锐角三角形、衣襟下端呈尖形或锯齿状。哥特风格服饰品表现比较极端且偏激，只能作为舞台装或服装发布会上的展示类服装出现（图 2.30）。

图 2.30　哥特风格服饰品设计

2.2.18　复古风格

复古风格一般回归过去的时尚风格，也就是回顾和寻找某个年代、某个国家、某个民族在过去时间段内的一些服饰元素特征，并结合现代服饰特点进行重塑加工，形成一种别具特色的流行复古风潮（图 2.31）。

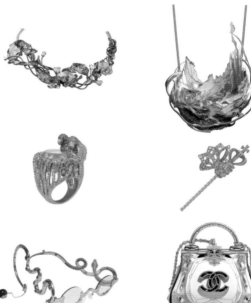

图 2.31　复古风格服饰品设计

2.2.19 前卫风格

前卫风格又称先锋派风格，它的特点是打破传统、勇于创新，通过标新立异的设计来引领潮流；同时，以突破传统的形式，使服装呈现出独特的形态特征。对于前卫风格服饰品来说，从剪裁、色彩、图案到材料，无一不是创新的对象，这种大胆的创新方式总能使前卫风格引导时尚的潮流。设计师在创作过程中，多采用表现主义、构成主义、超现实主义等当代创新的思维方式和创作理念，将其转化为服饰品设计的灵感素材；此外，还可以将音乐、戏剧、绘画、舞蹈、建筑等元素转化为前卫风格的服饰品设计素材（图 2.32）。

图 2.32　前卫风格服饰品设计

2.2.20　未来风格

　　未来风格是一种表现科技未来的风格，以"否定一切"为基本特征，反对传统，歌颂机械、年轻、速度、力量和技术，推崇物质表现对未来的渴望与向往。未来风格服饰品在色彩上多采用金属色、荧光色及透明色等，喜爱闪耀、亮丽的光泽感，强调富有弹性的新型面料，以及可回收高科技合成材料等。未来风格服饰品设计一般用简单的图形符号、现代感的几何图形或简洁硬朗的设计，塑造出具有未来感、科技感、宇宙感的超于现实的想象空间（图 2.33）。

图 2.33　未来风格服饰品设计

2.3 服饰品的设计定位

2.3.1 日常用服饰品的设计定位

日常用服饰品的设计要以人为本,根据个人的职业兴趣爱好及佩戴场合目的进行设计。首先,设计定位要明确,设计构思要清晰;然后,按照日常所需的服饰品属性、档次、销售地区和佩戴对象,决定设计因素和方法,进行具体的设计定位、产品定位和消费对象定位。日常用服饰品的设计定位大体可归为高贵典雅型、个性化型、回归自然型 3 类。

1. 高贵典雅型

"高贵典雅"多用来形容人所具有的优雅不俗的气质。单从字面意义上,我们能简单了解到"高贵典雅型"所涵盖的内容,具有这一气质的人群一般都具有良好素质,他们对服饰品选择有独特的喜好。在服饰品的选择上,贵重的黄金、钻石、宝石等装饰品成为他们的首选。这类贵重的服装品可以反映出他们的身份和地位,成为权力及财富的象征(图 2.34)。

图 2.34　高贵典雅的服饰品(耳环和项链)

2. 个性化型

"个性化"一般是指非一般大众化的特质。个性化服饰品在大众化的基础上增加独特、另类的设计，打造一种与众不同的效果，受到很多年轻人的喜爱和追捧。当代的年轻人一般喜好无拘无束、流行的事物，开放的观念在他们那里会产生共鸣。但是，传统的金银珠宝的昂贵价格阻碍了他们追求流行、追求变化的步伐，物美价廉的个性化服饰品则受到他们追捧。这类服饰品的品种类繁多，大多是仿金银、仿宝石的人工制造的材质，价格适中，外观质感可与真品相媲美。个性化服饰品一般极具创意，有的底蕴深厚，佩戴者可根据不同的着装和出席场合选取适合的并具有个人特色的服饰品（图 2.35）。

图 2.35　个性化的服饰品（戒指）

3. 回归自然型

自然环境不仅孕育着人类的价值，供给人类各种资源的价值、科学研究的价值和稳定生态系统的价值，而且具有美学的价值。当今社会是一个高速发展的社会，快速的工作节奏、生活中的种种压力，使人们更加渴望回归大自然，渴望泥土芳香的田野、神秘莫测的森林、浩瀚无际的大海等。设计师可以收集自然界中的点点滴滴，将其转化为服饰品设计元素，佩戴这类服饰品可以展现出佩戴者的心态和所追求的目标（图 2.36）。

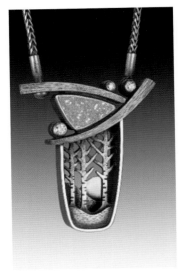

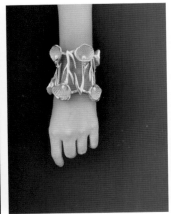

图 2.36　回归自然的服饰品（学生作品 | 王卓然）

2.3.2　创意性服饰品的设计定位

　　创意性服饰品设计是拓展设计思维的一种创作形式，也是打破常规的服饰品制作的一种模式。它利用日常生活中被人们忽视而又具有特殊美感的物体来进行全新创作，同时，在材料和设计形式的表达上都力求大的突破。创意性服饰品所推崇的设计观念、艺术传达、文化内涵是独特的，可以通过独特的设计定位、独特的取材、独特的设计内容，来展现服饰品创意、新颖、独特的艺术形式。例如，从特殊的材料中发现和寻找美感，进行筛选、加工，并通过严谨、细致的工艺手法来表达，并使其按照设计构思逐步完美、完善起来，从而取得意想不到的艺术效果（图 2.37）。

图 2.37 花语 | 作者：曲琛

  创意性服饰品设计主题定位通常是在众多题材中取其一点，并集中表现其某一特征。创意性服饰品设计主题是作品的核心，也是构成设计的主导因素。主题能使设计主体得以完美表达。因此，在创作过程中，主题确定后，就要围绕主题来开展相关一系列设计工作。这些设计工作包括：提出倾向性主题思路，明确设计概念，寻求灵感启发；确立设计要点，选择设计所需要的材料及表现的色彩，判断与整体效果是否和谐统一等。

  下面以创意性服饰品设计作品《天使与恶魔》（作者：郑莉玮）的设计方案为例来进行展示和说明。

  设计主题方案说明如下。

  （1）倾向性主题。首先"天使与恶魔"这一主题是学生们经常会选择的主题之一。在这一大主题下，要进行倾向性的主题侧重，适当地缩小主题范围，这样更便于准确地创作。《天使与恶魔》这件作品的灵感来自西方神话中天使与恶魔的形象，他们本都是神的化身，因其善恶有别，故分为天使和恶魔。这种缩小范围、明确设计形象的倾向性主题定位，有利于准确捕捉到艺术设计形象。同时，在创作过程中，要把天使与恶魔的形象进行艺术化的提 取，在保留其形象特点的基础上进行概括性、创造性的提炼。然后，通过设计手法的转化和运用，不断地完善作品，使得作品的表达情感更加细腻、真切，作品本身也会更加灵动（图 2.38）。

图 2.38 《天使与恶魔》设计方案

（2）灵感启发。灵感是艺术家在创造过程中某一时间段内，突然出现精神亢奋，思维极为活跃的特殊心理现象，呈现出远超出平常水准的创作冲动和创作能力。《天使与恶魔》这件作品以西方神话为设计灵感点，通过对天使和恶魔形象收集的过程得到了进一步的灵感启发。该作品主要表达的是天使与恶魔是一种相生的关系。作品中的一缕红色主要代表在生命中，二选其一的挣扎和纠结（图 2.39）。

来自一个故事。西方神话中讲述，
天使与恶魔本都是神的化身，
因其善恶有别, 故一个名为天使, 一个名为恶魔。
恶魔不甘心自己的身份, 便一直努力做善事
来逆天改命。这个恶魔的故事让我领略到,
无论多么邪恶的事物, 都有其好的一面。
该设计通过正、反的碰撞来展现邪恶中
的美好。

图 2.39 《天使与恶魔》灵感来源

（3）设计理念。任何设计都始于对设计理念的追求。设计理念是一个漫长旅途的起点，设计师在设计过程中不断地对设计理念进行转化完善和修正，并不断地进行反思和创作。《天使与恶魔》这件作品就在设计的过程中经过不断地设计转化，进行多次修改和调整，最终使整件设计作品无论在造型、色彩、材料还是在设计理念上，都与设计主题中提出的设计概念环环相扣。

（4）设计要点。设计要点涵盖了从灵感到设计的转化过程。在《天使与恶魔》这件作品设计的过程中，作者对天使和恶魔的形象进行了形状的分解，作品局部采用几何线条的构成方式，提取二者形象比较突出的地方，设计转化成为具有装饰美感的造型。例如，天使翅膀的形状用于整个头饰侧面外形轮廓；正面用骷髅的变形形象作为主要装饰；头饰整体造型呈现出左右均等的形式，一侧结构处理成通透的效果，另一侧则由羽毛装饰，两侧结构虚实对比、层次鲜明（图 2.40、图 2.41）。

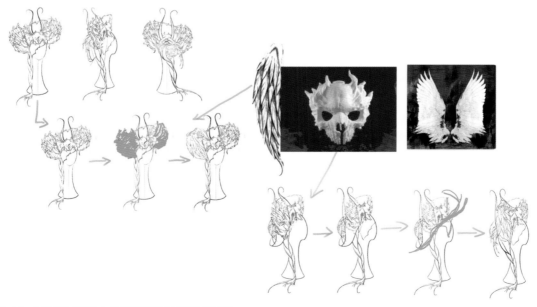

图 2.40 《天使与恶魔》从灵感到设计转化的过程

图 2.41 《天使与恶魔》头饰设计草图

（5）材料选择。在头饰设计制作的过程中，材料选择是一个至关重要的环节。材料选择的好坏对作品最终呈现出来的效果会有质的影响。《天使与恶魔》这件作品在材料选择上也有全面的考虑，作品中出现大量羽毛材料，通过不同品种的羽毛材料排列形成面的形式并呈现出来；羽毛之间衔接自然，色彩柔和不突兀。羽毛的细腻柔和可以恰到好处地表现出天使的善良。纱网面料的选用也是作品中的点睛之笔。作品采用 3D 打印技术完成骨架部分的制作，若隐若现的效果使作品整体更具有灵动性（图 2.42）。

（6）色彩选择。《天使与恶魔》这件作品整体色彩以蓝、白、灰为主色调，局部做了蓝、白的渐变，红色宝石和羽毛加以点缀，再配合亚光材质，使作品更富有层次。渐变的蓝、白色调让作品呈现出层次的立体效果，这种色彩选择也更符合主题（图 2.42）。

（7）整体协调。如果艺术作品能够达到和谐、合理、配合、互补和统一的状态，则视为整体协调的优选状态。整体协调也是艺术创作中难度较大的环节。《天使与恶魔》这件作品在整体协调中完成度较高，从灵感来源、主题确定、材料选择、色彩选择到最终完成都围绕着中心主题来不断完善，将多方面、多角度的元素充分结合起来并使之协调一致（图 2.42）。

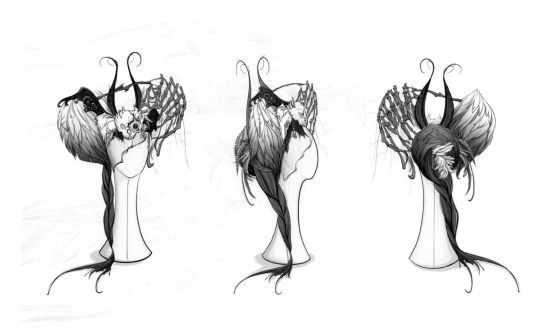

图 2.42 《天使与恶魔》头饰设计效果图

2.4　服饰品的设计要点

2.4.1　量感

　　量感包括物理量感和心里量感。物理量感是指服饰品大小、多少、轻重等。心理量感是指对服饰品的感受，如用黄金和白金镶嵌钻石会有不同的感觉，黄金比较温暖，钻石比较高贵。由此可见，量感就是在视觉和触觉相互作用下，对各种物体的材质、硬度等方面的感觉，以及对物体的大小、多少、长短、粗细、方圆、厚薄、轻重、快慢、松紧等量态的感性认识。它借助明暗、色彩、线条等造型因素，表达出物体的轻重、厚薄、大小、多少等感觉。在服饰品设计中，量感主要体现在对造型艺术的疏密、对称、均衡、呼应的设计把控上，是设计过程中尤为重要的环节。同时，量感的感受来源于作者和观众视觉和心理的感性经验，有时因受教育程度不同、佩戴的主体和出席的场合不同，同一件服饰品会让人产生不同的感觉（图2.43）。

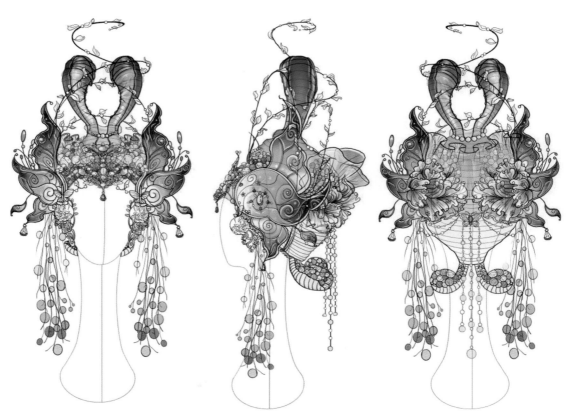

图2.43　森中之灵 | 作者：史英奇

2.4.2　肌理

肌理是指物体表面的组织纹理结构，即各种纵横交错、高低不平、粗糙平滑的纹理变化，是表达人们对设计物表面纹理特征的感受。一般来说，肌理与质感含义相近，对设计的形式因素来说，当肌理与质感相关联时，它一方面作为材料的表现形式而被人们感受，另一方面则体现在通过先进的工艺手法创造出新的肌理形态。不同的材质、不同的工艺手法可以产生不同的肌理效果，并能创造出丰富的外在造型（图 2.44）。

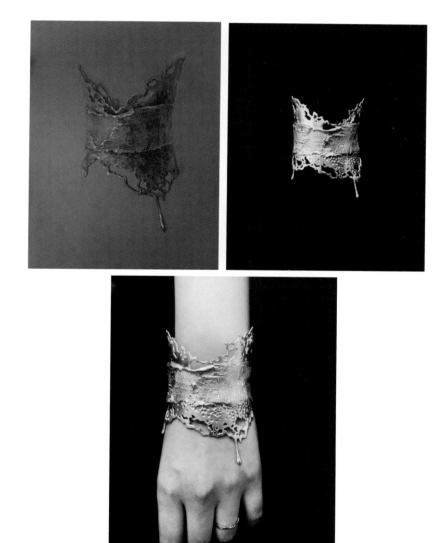

图 2.44　学生作品 ｜ 作者：白淳

2.4.3 虚实空间

从不同的视角来看，服饰品设计需要将实体与空间进行相互呼应、相互搭配，使其具有空间效果。虚实空间的合理利用与转化是整个服饰品设计构成中的难点（图2.45）。

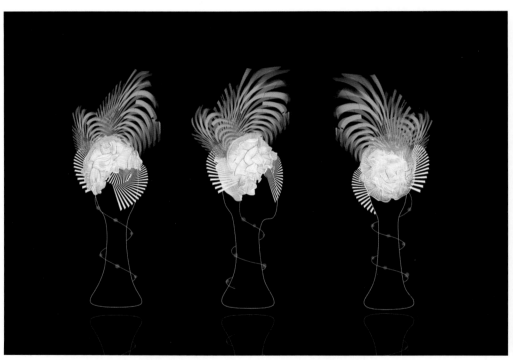

图 2.45　学生作品 | 作者：张晶

2.4.4　从平面绘制效果图到立体造型转变

　　在设计制作服饰品的时候，往往都会先绘制详细的设计图，然后依据图纸逐步开始精雕细琢的制作过程（图 2.46）。这种思维过程要从平面转向立体的形态，虚实处理要得当，主次关系表现要合理，相关展示如图 2.47～图 2.49 所示。

图 2.46　从平面绘制效果图到立体造型转变

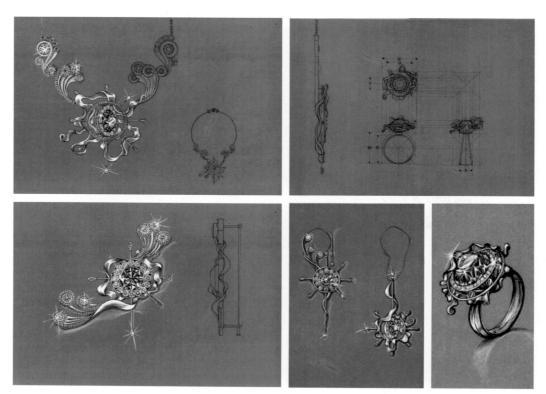

图 2.47　学生作品 | 作者：周建鑫

图 2.48　学生作品 | 作者：孙靖然

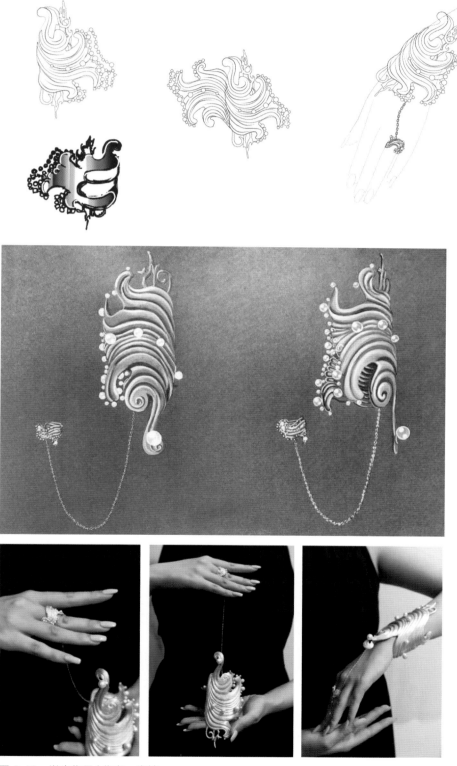

图 2.49　学生作品 ｜ 作者：宋婷

思考与实践

一、填空题

（1）色彩在服饰品设计中起着至关重要的作用，它不仅能体现_____，而且能传达服装设计师的_____和_____。

（2）构思是服饰品设计的第一步，它要求设计师对_____、_____、_____、_____和_____有深入的了解。

（3）服饰品设计的一般流程包括市场调研、_____、_____、_____、_____、_____、_____、_____等步骤。

（4）在服饰品设计过程中，效果图绘制是一种快速表达_____的有效方法。

（5）服饰品设计中形式美的构成元素是_____、_____、_____的合理组合，以及_____、_____的合理搭配。

二、选择题

（1）在服饰品设计过程中，最先确定的要素是（　　　）。

A. 色彩搭配 　　　　　　　　　　B. 主题与概念

C. 材料选择 　　　　　　　　　　D. 制作工艺

（2）下列选项中（　　　）不属于服饰品设计的基本流程。

A. 市场调研 　　　　　　　　　　B. 创意设计

C. 成品销售 　　　　　　　　　　D. 样品制作

（3）下列选项中（　　　）不是影响服饰品流行趋势的主要因素。

A. 社会文化 　　　　　　　　　　B. 经济发展

C. 个人喜好 　　　　　　　　　　D. 科技进步

（4）在服饰品设计中，（　　　）色彩搭配方法能体现和谐稳定的效果。

A. 对比色搭配 　　　　　　　　　B. 类似色搭配

C. 互补色搭配 　　　　　　　　　D. 任意色搭配

（5）在服饰品设计中，最先考虑的要素通常是（　　　）。

A. 色彩搭配 　　　　　　　　　　B. 材质选择

C. 款式设计 　　　　　　　　　　D. 制作工艺

（6）在进行服饰品市场调研时，下列选项中（　　　）不是重要考虑因素。

A. 目标消费群体的喜好　　　　　　　B. 当前流行趋势

C. 生产成本与利润空间　　　　　　　D. 设计师的个人偏好

三、实训题

（1）整理归纳服饰品设计的构思过程及设计方法、灵感来源及服饰品的设计要点。（10 例及以上）

（2）提交 3 组服饰品设计作品的灵感来源及设计草图，要求以 PPT 的形式展示。

CHAPTER THREE

第 3 章
服饰品制作所需材料
及其属性

【本章要点】

（1）服饰品制作所需主体材料及其属性。

（2）服饰品制作所需装饰材料及其属性。

（3）服饰品内部结构及搭建组合所需材料及其属性。

（4）不同材质组合后所形成的语言表达。

【本章引言】

本章对服饰品制作所需材料和属性进行讲解。了解服饰品设计制作在选材及制作手段上的变化及时代的进步，服饰品设计制作所涉及的各种元素及选材的属性和特点，有助于对服饰品设计有一个较全面的认识。

3.1 主体材料及其属性

3.1.1 自然织物

1. 棉布

棉布（图3.1）是指用棉纱织成的布，多用来制作时装、休闲装、内衣和衬衫。它的优点是轻松保暖，柔和贴身，吸湿性、透气性甚佳。它的缺点则是易缩、易皱，在外观上不大挺括、美观，易出褶皱，在穿着前必须熨烫。

图 3.1 棉布

2. 麻布

麻布（图3.2）是指以各种麻类植物纤维制成的布，具有柔软舒适、透气清爽、耐洗、耐晒、防腐、抑菌等特点。麻布一般用来制作休闲装、工作装，也可用来制作环保包装、时尚手袋、工艺礼品、食品精美小麻袋、工艺鞋帽等。它的优点是强度极高，吸湿，导热，

图 3.2　麻布

透气性甚佳。它的缺点则是穿著不甚舒适，外观较为粗糙、生硬。麻布制成的产品具有透气清爽，柔软舒适，耐洗、耐晒，防腐、抑菌的的特点。

3. 毛皮和皮草

毛皮（图 3.3）是指带毛的动物皮经鞣制、染整所得到的具有使用价值的产品，又称裘皮。毛皮由毛被和皮板两部分构成，其价值主要由毛被决定。毛皮的皮板柔韧，毛被松散、光亮、美观、保暖，经久耐用，一般用于制作服装、披肩、帽子、衣领、手套、靠垫、挂毯和玩具等制品。

皮草是指利用动物的皮毛所制成的服装，具有保暖的作用。现在的皮草都比较美观，而且价格较高。狐狸、貂、貉和牛羊等动物的毛皮都是皮草的主要原料。

4. 丝纤维和真丝

丝纤维是指由蚕、蜘蛛等昆虫分泌出来的天然蛋白质纤维。丝纤维的特点可以概括为"长、滑、柔、透"，它是所有纤维中最长的，而且滑润、柔软、半透明、易上色、色泽光亮、柔和。丝纤维可以直接用做室内墙面裱糊或浮挂，是一种高级的装饰材料。

真丝（图 3.4）一般指蚕丝，包括桑蚕丝、柞蚕丝、蓖麻蚕丝、木薯蚕丝等。真丝被称为"纤维皇后"，以其独特的魅力受到人们的青睐。真丝属于蛋白质纤维，呈现出柔和的色彩光泽。

图 3.3　毛皮

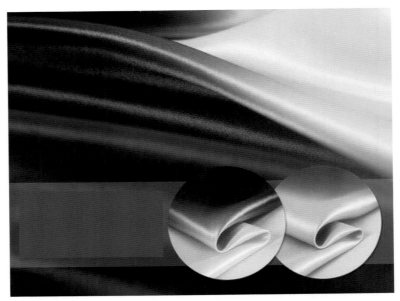

图 3.4　真丝

5. 皮革和人造皮革

皮是指经脱毛和鞣制等物理、化学加工所得到的已经变性且不易腐烂的动物皮。革是由天然蛋白质纤维在三维空间紧密编织构成的，表面有一种特殊的粒面层，具有自然的粒纹和光泽，手感舒适。皮革（图 3.5）质地柔软，工艺制作方便。皮革接缝部的处理比较容易，可以采用胶粘，也可以采用皮条穿接。在以皮革作为主料的艺术处理上，可以采用烫烙、镂刻、粘贴等技术手段，使设计作品别具一格，具有鲜明的艺术特色。

人造皮革（图 3.6）是在纺织布基或无纺布基上，由各种不同配方的 PVC 和 PU 等发泡或覆膜加工制作而成。人造皮革可以根据不同强度和色彩、光泽、花纹图案等要求加工制作，具有花色品种繁多、防水性能好、边幅整齐、利用率高和价格相对真皮便宜的特点。但是，绝大多数的人造皮革，手感和弹性无法达到真皮的效果。

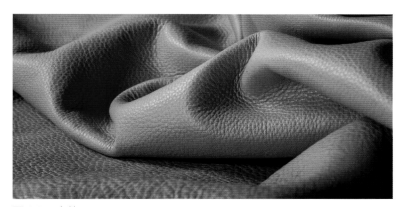

图 3.5　皮革

图 3.6　人造皮革

3.1.2   木材

木材（图 3.7）是能够再生长的植物，如乔木和灌木等，所形成的木质化组织。木材是大自然赐予人类的财富，是最自然的原始材料。木材可以根据设计师的需要随意切割，雕刻纹样。在表现原始淳朴、民族风格的服饰品时，常常选用木材的装饰材料。

图 3.7   木材

3.1.3   蕾丝花边和缎带

蕾丝花边（图 3.8）是一种舶来品，是最早由钩针手工编织的网眼组织。这种材料一般用于女性服饰品上。

缎带（图 3.9）由经纬交叉交织而成。缎带作为当今流行的时尚元素之一，是服装行业不可缺少的装饰材料。

图 3.8　蕾丝花边

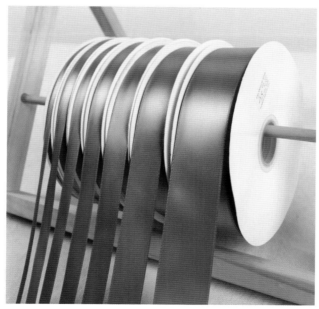

图 3.9　缎带

3.1.4　丝绒

丝绒（图 3.10）是割绒丝织物的统称，表面有绒毛，大都由被割断后的经丝构成。由于切割后的丝绒平行整齐，故丝绒呈现出特有的光泽，如立绒、乔其绒等，多用于服饰品上。丝绒面料手感丝滑，有韧性，做衣服很上档次，虽然会掉点毛，但清洗过后柔软、亲肤。

图 3.10　丝绒

3.1.5　草编、干（鲜）花和麻绳

草编（图 3.11）是民间广泛流行的一种手工艺品。人们一般就地取材，利用当地所产的草，编成各种生活用品，如提篮、果盒、杯套、盆垫、帽子、拖鞋和枕席等。有的利用事先染有各种彩色的草，编织各种图案，有的则编好后加印装饰纹样，这种制品既经济实用，又美观大方。

干（鲜）花（图 3.12）是利用干燥剂等使鲜花迅速脱水而制成的花。这种花可以较长时间地保持鲜花原有的色泽和形态。我们平日摆放的鲜花有许多都可以制成干花，用来作为服饰品的装饰材料。

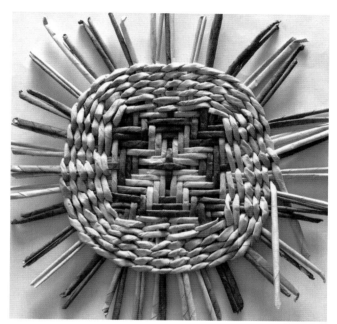

图 3.11　草编

图 3.12　干(鲜)花

麻绳（图3.13）是利用各种麻类植物的纤维制作的绳子。麻绳的常规直径不一，可做单股、二股、三股、四股及多股纱线，常用于服饰品上。

图 3.13　麻绳

3.1.6　羽毛

羽毛（图3.14）是禽类表皮细胞衍生的角质化产物，覆在体表，质轻而韧，略有弹性，具有防水性，也有护体、保温、飞翔等功能。将羽毛染成各种颜色，在服饰品设计制作时可以大面积使用。但是，有的羽毛价格较高，诸如鸵鸟毛，常用来装饰制作体现贵族气质的头饰作品。许多野生禽类的尾毛，常用来制作表现原始风情的服饰品。

图 3.14　羽毛

3.1.7　其他材料

用于服饰品设计制作的其他材料还有很多，下面介绍其中的一种材料光导纤维。

光导纤维（图 3.15）是一种能够传导光波和各种光信号的纤维。光导纤维也是一种透明的玻璃纤维丝，直径只有 $1\sim100\,\mu m$。它是由内芯和外套两层组成，内芯的折射率大于外套的折射率，光由一端进入，在内芯和外套的界面上经多次全反射，从另一端射出。用光导纤维设计制作的服饰品如图 3.16 所示。

图 3.15　光导纤维

图 3.16　光导纤维服饰品设计｜作者：刘芙伶、高禹阳

3.2 装饰材料及其属性

3.2.1 贵重材料

1. 黄金

黄金（图 3.17）是珠宝首饰中最为上乘的金属材料之一。黄金的软硬度适中，延展性非常好，色彩稳定性也较好。黄金因为延展性高，所以难以镶制出各种精美的款式，尤其当镶嵌珍珠、宝石和翡翠等珍品时容易被丢失。加入一定比例的其他金属可以增加黄金的硬度，这种黄金被称为 K 金。K 金的 "K" 是 "Karat"（克拉）一词的缩写，完整的表示方法是 "Karat Gold"（K 黄金）。K 金按照金属加入的不同比例可分为 24K 金、18K 金、14K 金、9K 金等。其中，24K 金俗称纯金、足金，含金量非常高，保值性强。但是，由于 24K 金硬度较低，不适宜镶嵌宝石，所以其装饰效果单一。为了丰富各种 K 金的表现力，在含量标准不变的情况下，调节其他金属配比系数，可以合成色彩各异的 K 金。彩色 K 金色彩多样，可以利用其多变的色彩制作出有创意的个性化饰品。

图 3.17　黄金

2. 银

银（图 3.18）和黄金一样，是一种应用历史悠久的贵金属，至今已有 4000 多年的历史。我国考古学者从出土的春秋时代的青铜器当中就发现镶嵌在器具表面的"金银错"。银呈现银白色，延展性较强，易于加工，化学性能较稳定，但容易受到硫化物的腐蚀，表面常常变得灰暗甚至发黑。由于银本身色彩鲜亮，而且价格低廉，所以成为首饰制作中广泛使用的贵金属。

图 3.18 银

3. 铂金

铂金（图 3.19）比黄金稀有，是比较坚硬、持久的金属，熔点较高，延展性极好，化学性能极其稳定，不溶于强酸弱碱，在空气中也不易被氧化。铂金色泽银白优雅，与各类宝石搭配十分协调，可营造出高贵华丽的气氛。铂金质地虽软但强度比黄金高，可以较好地将宝石固定在托架上，便于镶嵌，易于加工。铂金素有"爱情金属"之称，经常被用来设计制作婚戒。

图 3.19 铂金

4. 钻石

钻石（图 3.20）是经过琢磨的金刚石。金刚石是一种天然矿物，是钻石的原石。金刚石是由碳物质在火山凝固过程中受高温和强压的双重作用而形成的，为无色、透明高度的碳制八面体结晶。自古以来，钻石一直被人类视为权力、威严、地位和富贵的象征。在现代社会，钻石一般被认为是爱情和忠贞的象征，用来装饰戒指、项链等。

图 3.20 钻石

5. 宝石

宝石（图 3.21）泛指那些经过琢磨和抛光后，可以达到珠宝要求的石料或矿物装嵌品，一般选用色泽美丽、硬度高、在大气和化学药品作用下不起变化的贵重矿石。宝石按其价值和特征可分为三大类，即高档宝石、中档宝石和低档宝石。每一类宝石由于生长环境条件等方面的差异，形成各自独有的特性。但宝石都是晶体，因而具有晶体共性，这些共性也就构成了宝石的特征标志。可以用来制作首饰等的天然矿物晶体有水晶、祖母绿、红宝石、蓝宝石、金绿宝石和绿帘石等。

图 3.21　宝石原石

6. 珍珠

珍珠（图 3.22）是一种古老的有机宝石，主要产在珍珠贝类和珠母贝类软体动物体内，是由这类动物内分泌作用而生成的含碳酸钙的矿物（文石）珠粒，由大量微小的文石晶体集合而成。根据地质学和考古学的研究证明，在两亿年前地球上就已经有了珍珠。珍珠具有迷人的光晕，大多数不透明，也有的品种半透明。珍珠多成球体，也有少量异形的形态。珍珠大多数为白色，也有粉红色、蓝色、黄色、黑色等。珍珠分为海水珠和淡水珠两种，有天然形成的，也有人工养殖的。

图 3.22　珍珠

7. 翡翠

翡翠（图 3.23）也称为翡翠玉、翠玉、缅甸玉，是玉的一种。翡翠的正确定义是以硬玉矿物为主的辉石类矿物组成的纤维状集合体。翡翠被誉为玉石王者，是我国古代重要的玉石品种和玉石雕刻材料，早在唐宋时期已经出现，但直至明末清初由于皇室的喜爱与推崇才得到与和田玉同样显赫的地位。

图 3.23　翡翠

3.2.2　其他材料

1. 纽扣

在古罗马，最初的纽扣是用来做装饰品的，而系衣服用的是饰针。直到 13 世纪，纽扣（图 3.24）的作用才与今天相同。那时，人们已懂得在衣服上开扣眼，这种做法大大提高了纽扣的实用价值。到了 16 世纪，纽扣得到了普及。随着快时尚的兴起，纽扣从以前的功能型已经变成现在的创意型。现在，纽扣的种类繁多，在服饰品中除了具有功能性，最重要的是起到了不可替代的装饰作用。

图 3.24　纽扣

2. 拉链

拉链（图 3.25）是依靠连续排列的链牙，使物品并合或分离的连接件，大量用于服装、包袋、帐篷等。拉链出现于一个世纪之前，当时在欧洲中部的一些地方，人们企图通过带钩和环的办法取代纽扣和蝴蝶结的作用，于是开始进行研制拉链的试验。拉链最先用于军装，在第一次世界大战中，美国军队首次订购了大批拉链给士兵做服装。但拉链在民间的

图 3.25　拉链

推广则比较晚，直到 20 世纪 30 年代才被人们接受，用来代替服装的纽扣。拉链按材质可分为尼龙拉链、树脂拉链、金属拉链，按功能可分为自锁拉链、无锁拉链、半自动锁拉链、隐形拉链等。拉链以其特有的结构特点和不同尺寸，可以重新组合构成新的形态，应用于服饰品设计中。

3. 铆钉

铆钉（图 3.26）是钉形物件，一端有帽。铆钉是在铆接中，利用自身形变或过盈连接被铆接形成的零件。铆钉是由头部和钉杆两部分构成的一类紧固件，用于紧固连接两个带通孔的零件（或构件），使之成为一件整体。这种连接形式称为铆钉连接，简称铆接，属于不可拆卸连接，因此在设计使用时要考虑周全，找准位置铆钉使用位置。铆钉的种类很多，款式多样。

4. 建筑材料

一般在建筑物中使用的材料统称为建筑材料（图 3.27）。建筑材料经常用于土木工程和建筑工程，但在服饰品设计中也会选择一些建筑材料进行表现，因为建筑材料固有的形态和特性会给设计师带来很多方面的启发。建筑材料包括的范围很广，时下比较流行的新建筑材料有保温材料、隔热材料、高强度材料、会呼吸的材料等。

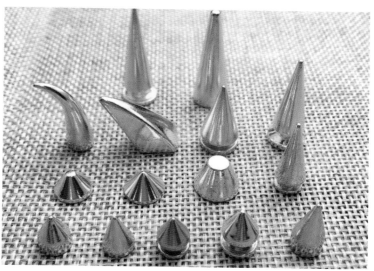

图 3.26　铆钉

图 3.27　建筑材料

3.3 内部结构及搭建组合所需材料

3.3.1 金属材料

1. 铁丝和铁网

铁丝（图 3.28）是用铁拉制成的一种金属丝。铁丝按用途不同，其拉制配比成分也不一样，常含有钴、镍、铜、碳、锌及其他元素。铁丝质地较硬且容易成型，熔点较低，便于焊接固定，在制作服饰品时可用于衔接处。铁丝按粗细分成不同型号，可根据服饰品制作要求选取。在服饰品制作的过程中，常选用丝线与铁丝进行缠绕，可以展现出很好的立体效果（图 3.29）。

铁网（图 3.30）是铁丝编成的网，质地较硬且有弹性，有利于立体造型的塑造，是立体造型中不可缺少的支撑物。

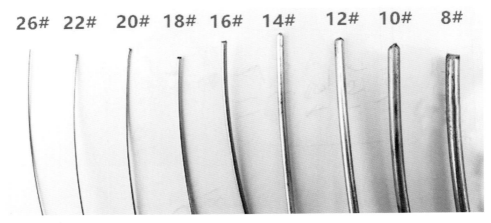

图 3.28　铁丝

图 3.29 丝线缠绕铁丝

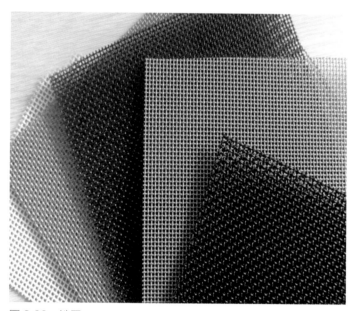

图 3.30 铁网

2. 铜丝和铜网

铜丝（图 3.31）质地较软，可随意造型，在服饰品制作中经常用于制作一些轻便的结构。

铜网（图 3.32）又叫铜丝网，质地较软，比较容易成型。铜网材质本身所固有的颜色为金黄色，在光线的照射下熠熠生辉，非常漂亮，因此经常被选作服饰品设计的主材料。铜网有粗、细之分，粗的如铁网，细的如纱质面料。铜网根据不同的造型可随意扭曲，折叠出形态各异、变化多端的造型。

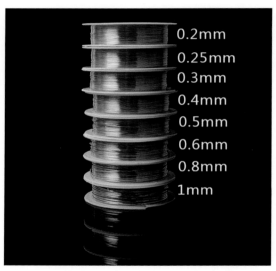

图 3.31　铜丝

图 3.32　铜网

3.3.2 支撑材料

龙骨（图 3.33）是一种能用于支撑和塑造衣物结构设计的材料。它通常被缝制或在服装制作的过程中嵌在服装内部，可以使服装具有丰富多变的造型，同时具有一定的支撑性，能使穿着者在穿着的过程中保持衣服固有的线条和轮廓。龙骨有粗细之分，分为 1.2cm、1cm、0.8cm、0.6cm 和 0.4cm 几种类型。在服饰品制作过程中，可以根据具体要塑造的造型来选择与之匹配的龙骨类型。

鞋网（图 3.34）是一种制鞋、制帽的常备材料，具有一定的支撑作用。

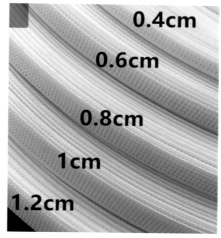

图 3.33　龙骨

图 3.34　鞋网

3.3.3 黏合衬

黏合衬（图 3.35）本是制作传统西服时常用的辅料，质地偏硬，具有一定的弹性。它的颜色呈灰色，透着质朴、清纯的意味，所以设计师也会选它作为服饰品的主要材料。但是，大面积地使用黏合衬，会使人产生沉闷的感觉，因此在技术处理上，常采用抽掉一些经纬纱的处理方法，使材料织纹变得有疏有密，富于变化。也可以采用在黏合衬上刺绣、挑绣的方法。利用经过处理的黏合衬材料进行创作，会产生意想不到的效果。

图 3.35　黏合衬

3.3.4 辅助工具

钳子是一种用于夹持、固定加工的工件，是扭转、弯曲、剪断金属丝线的手工工具。钳子是在制作服饰品时常用的工具，按形状可分为钢丝钳、尖嘴钳、剥线钳等。

（1）钢丝钳（图 3.36）别称老虎钳、平口钳、综合钳，它可以把坚硬的细钢丝夹断，在工艺制作、工业生活中都经常用到。

（2）尖嘴钳（图 3.37）别名修口钳、尖头钳、尖咀钳，它是由尖头、刀口和钳柄组成，一般用碳钢制成，韧性和硬度都非常好。

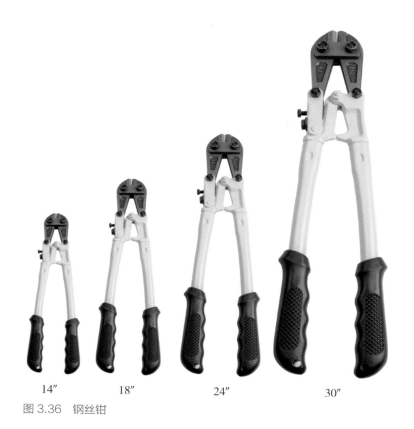

14″　　18″　　　24″　　　　30″

图 3.36　钢丝钳

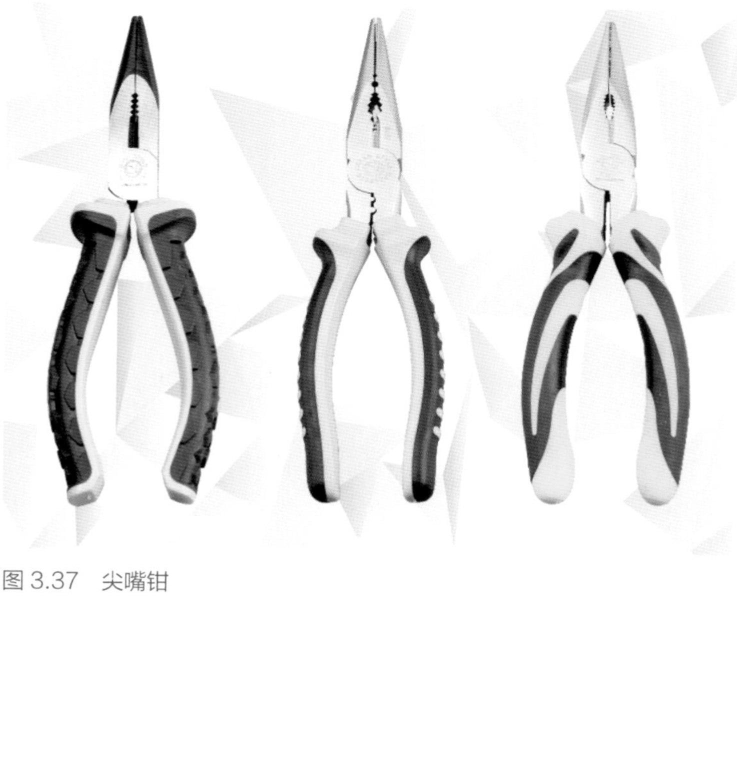

图 3.37　尖嘴钳

（3）剥线钳（图 3.38）是内线电工、电动机修理、仪器仪表电工常用的工具之一，用来剥除电线头部的表面绝缘层。剥线钳还经常用于服饰品制作。

镊子（图 3.39）用于夹取细小东西，是精密工作中经常使用的工具。不同的场合需要使用不同的镊子，在服饰品制作中，一般要准备直头、平头、弯头镊子各一把。

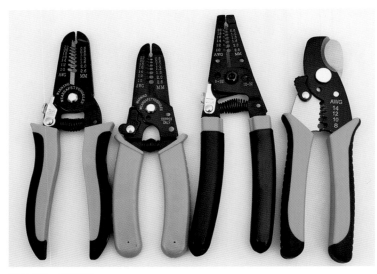

图 3.38　剥线钳

图 3.39　镊子

劳保手套（图 3.40）一般由头层牛皮、山羊皮、猪皮和绵羊皮等制成，不易被损坏，具有较长的使用寿命。在进行精细的加工处理时，戴劳保手套可以抓紧物品，还可以防热与绝缘。通常在服饰品制作时选择佩戴劳保手套，起到一定的保护作用。

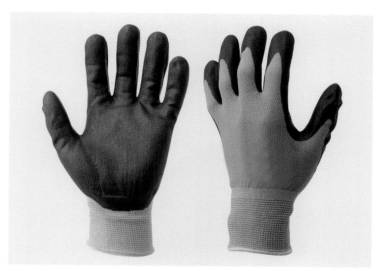

图 3.40　劳保手套

3.4　不同材料组合所形成的语言表达

在服饰品设计中，材料是设计的物质载体，不同材料的相互组合是影响设计作品的艺术性、技术性、实用性与流行性的关键因素之一。材料上的创新与应用，丰富了服饰品设计的艺术语言，能使作品更有表现力。

3.4.1　高贵、神秘感——金丝绒、羽毛组合

金丝绒是一种以蚕丝和粘胶长丝为原料交织，以地组织为平纹，用双层织造的经起绒的丝织物。其绒面绒毛浓密，毛长且略有倾斜，但不及其他绒类平整。金丝绒面料手感丝滑、有韧性，是衣服面料中的上成品种。金丝绒的表面有着柔和低调的光泽，神秘中带着高贵的气质。在服饰品设计中，可根据设计主题和表现手法选用这种材料。

　　羽毛轻薄、梦幻，给人一种美轮美奂的感觉。各种禽鸟的美丽羽毛，引起人们极大的审美兴趣，利用羽毛的天然色泽和柔软质地可以表达出服饰品中的典雅、高贵、色泽鲜亮、浑厚。

　　设计作品《剑豪》（图 3.41）整体设计完美，构思新颖，选材得当，材料语言与服饰品设计相得益彰。在这组作品中金丝绒和羽毛两种材料的组合，很好地体现出了作者的设计意图。

图 3.41　剑豪 | 作者：关莹

3.4.2　淳朴、天然感——草编材质、干花枝组合

　　草编是民间广泛流行的一种手工方法，以清新、质朴、亲切、自然的品质，精美、细致的工艺，以及浓郁的民间特色和地方风采，跻身于现代设计艺术之列。草编多种多样，通过天然材质的不同编制方法组合，可以形成独特的魅力。

　　干花枝是利用干燥剂等使鲜花、枝干迅速脱水而制成的花枝。这种花枝可以较长时间保持鲜花原有的色泽和形态。

　　设计作品《恒》（图 3.42 ）是一件构思新颖、选材独特的设计作品，将设计主题表达得淋漓尽致，而且工艺制作细致，作品清新、质朴、自然、愉悦。

图 3.42　恒 | 作者：田然

3.4.3 未来感、金属感——可回收废弃材料、建筑材料

可回收废弃材料是可回收、可再生循环的废弃材料，可以利用这种材料本身所具有的特点来进行创作。

建筑材料具有独特的质感与肌理效果，在服饰品设计中经常出现，用这种材料进行设计往往收到意想不到的效果。

设计作品《异星奇龙》（图 3.43）是一件具有未来感的设计作品，选用的材料是可回收废弃材料，包括易拉罐和建筑材料波纹管，作者利用所选材料的金属质感完美地诠释了作品的设计主旨。这件作品所呈现出来的震撼效果，是和材料特有的效果密不可分的。

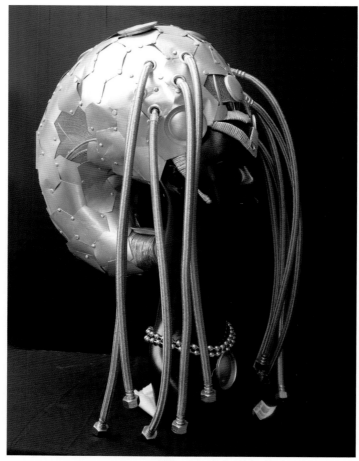

图 3.43 异星奇龙 | 作者：陆燕彬

思考与实践

一、填空题

（1）材料是服饰品设计的物质基础，常见的材料有_____、_____、_____、_____、_____等。

（2）环保材料的应用是当前服饰品设计的一大趋势，它体现了设计师对_____和_____的关注。

（3）针对服饰品设计中配件的选材，不同的_____、_____所产生的效果会使服饰品设计内容更加丰富、更加精美。

（4）服饰品对材料的选用从_____方面、_____方面和_____方面体现出来。

（5）服饰品材料的组合强调的是_____搭配适当，_____、_____、_____的比例协调。

二、选择题

（1）缝制皮革制品时，常用的线迹类型是（　　　）。

A. 平针缝 　　　　　　　　　　B. 锁边缝

C. 鞍针缝 　　　　　　　　　　D. 绗缝

（2）在制作金属制品时，下列选项中（　　　）金属因其良好的延展性和抗氧性而被选用。

A. 铝 　　　　　　　　　　　　B. 纯银

C. 不锈钢 　　　　　　　　　　D. 黄铜

（3）在金属饰品制作中，下列选项中（　　　）工艺常用于打造细腻的纹理和复杂的图案。

A. 锻造 　　　　　　　　　　　B. 浇铸

C. 焊接 　　　　　　　　　　　D. 镂空

（4）环保材料在服饰品设计中应用体现了（　　　）的设计理念。

A. 复古风 　　　　　　　　　　B. 简约风

C. 可持续时尚 　　　　　　　　D. 波普艺术

（5）服装辅料中，常用与增加衣物立体感或装饰性的材料是（　　　）。（多选）

A. 里布 　　　　　　　　　　　B. 拉链

C. 花边 　　　　　　　　　　　D. 缝纫线

（6）下列选项中（　　　　）材料因其光泽度高、耐磨性强而常用于高端服饰品设计。（多选）

A. 纯棉 　　　　　　　　　　B. 真丝

C. 金属合金 　　　　　　　　D. 环保塑料

三、实训题

（1）根据本章所学内容针对服饰品材料进行市场调研并形成文档。

（2）根据服饰品设计图提交 3 组材料选取方案（实物）。

CHAPTER FOUR

第 4 章
服饰品设计制作的技巧表达

【本章要点】

（1）日常用服饰品设计制作的技巧表达。

（2）创意性服饰品的设计。

【本章引言】

　　本章对服饰品设计语言的技巧表现及制作工艺进行展示，这是从手绘平面效果图到实物制作的衔接过程。

　　本章以手饰和头饰设计制作为例进行设计主题确定、款式设计、材料选取、制作过程 4 个环节展开，按照日常用服饰品和创意性服饰品两个方面分别选取有代表性的设计作品展示服饰品设计制作的技巧表达。

4.1 日常用服饰品设计制作的技巧表达——以手饰为例

4.1.1 设计主题确定

设计主题是指基于一个主导题目进行设计，并将设计主题贯穿始终的设计方式。在确定设计主题前，需要先从主观上确立一个大致的方向；方向确定好后，需要根据设计方向搜集设计素材和相关设计元素，即寻找设计主题的灵感来源素材；搜集素材后需要进行有取舍的整理，留下有用的，删除多余的，将有用的素材整合好，最终结合素材确定设计主题。

这款手饰作品的灵感来源于战后残破的景象（图4.1、图4.2），荒芜破败、遍布弹孔的墙体与遗落在现场的绷带，揭示了战争的残酷与冰冷。

图 4.1　设计主题灵感来源图片 1

图 4.2　设计主题灵感来源图片 2

4.1.2 款式设计

款式设计通常是整个服饰品设计过程中的重要环节，在确定设计主题和设计元素之后进行整合设计。款式设计要突出主题性、艺术性和完整性。

这款手饰的款式设计草图、定稿、效果图分别如图 4.3～图 4.5 所示。

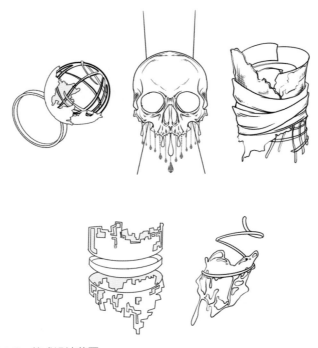

图 4.3　款式设计草图

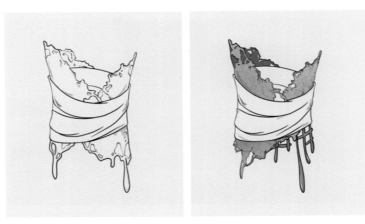

图 4.4　款式设计定稿

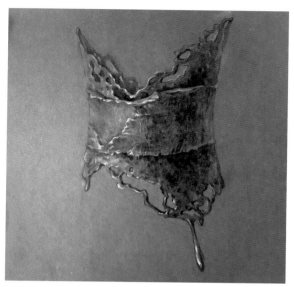

图 4.5　款式设计效果图

4.1.3　材料选取

　　服饰品设计制作的材料选取是很重要的，因为材料选取得恰当与否直接关系作品的制作过程和呈现出来的最终效果。材料选取时要从设计主题入手，在一定的范围内搜集适合的材料，然后进行整理筛选。

　　这款手饰的整体为白银材质（图 4.6），通过雕刻、焊接、打磨等工序制作而成。

图 4.6　材料选取白银

4.1.4 制作过程

这款手饰的制作过程及成品展示如图 4.7～图 4.9 所示。

图 4.7 制作过程 1

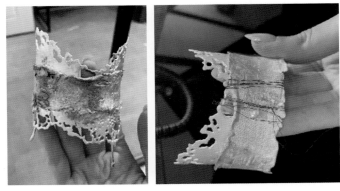

图 4.8 制作过程 2

图 4.8　制作过程 2（续）

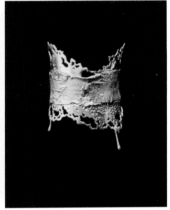

图 4.9　成品展示

4.2　创意性服饰品设计制作的技巧表达——以头饰为例

4.2.1　设计主题确定

头饰的设计主题确定就像盖房子，是设计的主体，只有把这个设计主题地基规划、确定好，才能将房子盖结实。设计主题理念的设计体系构建就像建造大厦，打地基、搭脚手架、制作混凝土框架等，所以地基要牢，并且可以不断对已有的知识和收集的知识进行整合，并将新的知识整合到体系中。以此培养学生养成良好的设计思维习惯模式，无论是设计还是最后的制作与专业技都扎实推进。

这款服饰品的设计主题是"壁剑暮河"，灵感来源于兵器，将冷兵器时代的兵器与复古风格服装进行碰撞（图 4.10、图 4.11）。头饰的主要轮廓较为锋利，前半部分以半立体为主，后半部分为全立体，以镂空设计来增强头饰的空气感，以水波纹布料为主模拟兵器的主题感官。首先，人们一想到兵器，就会联想到铠甲，而铠甲的质感比较坚硬，但该设计以花瓣为鳞片覆盖铠甲上的尖刺部分，使得这款服饰品在具有质感的同时更加柔和和唯美。其次，这款服饰品的颜色又以粉色调为主，更增添了一丝轻松和柔美。

图 4.10　设计主题灵感来源图片 1

图 4.11　设计主题灵感来源图片 2

4.2.2　款式设计

在设计的过程中，要运用三维立体化的思维方式，在头脑中构建头饰模型，从正、侧、背 3 个方面进行三维立体化的款式设计，边绘画，边进行构建。同时，在绘画中要注意作品款式结构与构成形态之间的虚实空间表达。这款服饰品的款式设计草图、效果图分别如图 4.12、图 4.13 所示。

图 4.12　款式设计草图

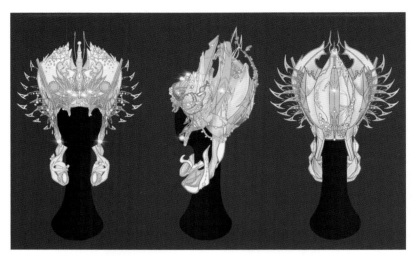

图 4.13　款式设计效果图

4.2.3　材料选取

　　这款服饰品的制作材料选用了具有光泽感的缎面材质，先在面料上做出压痕的肌理效果，再选用滴胶的材质，在用细铁丝塑造出的造型的基础上进行内部形态的填充，制作出预想的形态造型。这种造型富有节奏韵律的变化。同时，选用薄纱和具有丝光感的纱网作为辅料，使面料的层次变化丰富，具有轻透性，从而营造出材质变化中的虚实空间氛围。该设计以具有设计特点及符合其设计风格的珠片、缎带、丝线等进行细节装饰，显得更加精致（图 4.14～图 4.16）。

图 4.14　制作材料 1

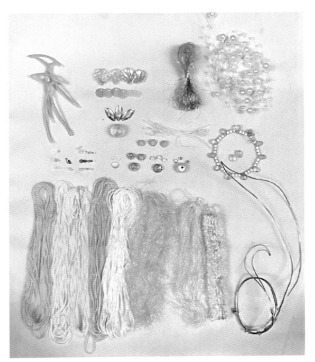

图 4.15　制作材料 2

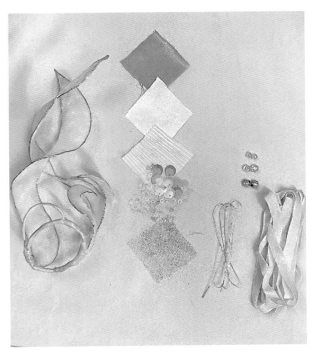

图 4.16　制作材料 3

4.2.4 制作过程

　　根据设计效果图进行标线。首先，在头模上进行标线，在标线的过程中要选好标记的具 体点位，尤其要注意前额头的点位、头顶的点位、双耳两侧的点位和后脑下方的点位；然后，将这些点位进行准确的连接。在标线的过程中，要注意正、侧、背标线的走向，以及标线整体的准确性与流畅性（图 4.17）。

图 4.17　制作过程——标线

　　根据标线进行框架搭建。框架搭建是制作过程中非常重要的环节，可以起到承上启下的作用。框架搭建形态的建立，直接影响作品的最终完成效果，因此需要在框架搭建前进行分析。而且，在分析的过程中，要注意款式造型结构的立体形态穿插，以及空间结构的前后关系和款式造型结构的长、宽、高的比例确定。最后，按照空间的结构顺序依次进行搭建（图 4.18）。

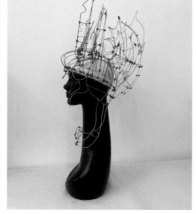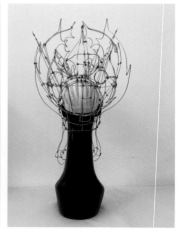

图 4.18　制作过程——框架搭建

　　根据框架搭建附铁网。在框架搭建的基础上附铁网，但在附铁网前，首先要对其造型进行立体化的结构分析，以及通过立体分割线进行造型结构的塑造。然后，要在每个造型的边缘处留一定的缝份量，并用纯棉白线将这些缝量、缝份进行精细的缝合。注意，在缝合的过程中，针法要精致美观，尤其要注意带有尖角造型的缝合处理和突起的部位造型可以先附着铁网。最后，进行正、侧、背 3 个角度的立体检查，为下一步的立裁制板做好准备（图 4.19）。

图 4.19　制作过程——附铁网

　　在框架搭建和附铁网的基础上进行立裁制板。由于头饰造型是左右对称的，因此可以在其右侧进行立裁制板。在制板前，先要根据其造型结构进行立体制板分析，再次确定好结构线、造型线、分割线的位置，再在此基础之上进行立裁制板，为缝合与制作打好基础（图 4.20）。

图 4.20　制作过程——立裁制板

缝制、合成，制作成品。按照立体裁剪的板型，在所选用的制作面料上进行裁剪、缝制，并进行细节的加工，最后完成设计作品（图4.21）。

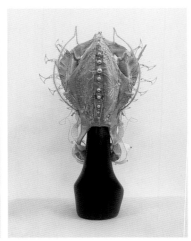

图4.21　制作成品

另外，在服饰品设计转化过程中还有许多细节，下面以设计作品《南海有鲛人》为例再次进行展示，如图4.22～图4.31所示。

图4.22　款式设计草图

图 4.23　款式设计效果图

图 4.24　制作材料 1

图 4.25 制作材料 2

图 4.26 制作材料 3

  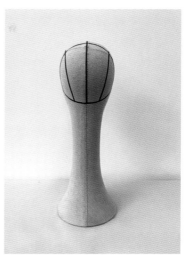

图 4.27　制作过程——标线

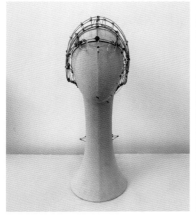 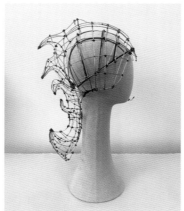 

图 4.28　制作过程——框架搭建

图 4.29　制作过程——附铁网

图 4.30 制作过程——立裁制板

图 4.31 制作成品

【南海有鲛人 |
作者: 李涵瑀 】

思考与实践

一、填空题

（1）在缝制过程中，选择合适的_____、_____、_____，对于提升服饰品的整体质量至关重要。

（2）装饰性元素的选择应与设计主题相契合，如_____、_____、_____等，以突出服饰品的特色亮点。

（3）服饰品与服装的_____搭配是提升整体造型感的关键，需要考虑_____、_____、_____等方面的协调。

（4）首饰制作的工艺流程有_____、_____、_____、_____、_____等。

（5）一般黄金饰品的造型有_____结构、_____结构、_____结构。

（6）服饰设计作品的完整性主要体现在_____、_____两个方面。

二、选择题

（1）服饰品制作中的"板型调整"通常是在（　　　）阶段进行的。

A. 设计构思阶段　　　　　　　　　B. 样品制作阶段

C. 大货生产前　　　　　　　　　　D. 销售反馈后

（2）在服饰品制作中，（　　　）工艺常用于实现复杂的图案和纹理效果。

A. 激光雕刻　　　　　　　　　　　B. 简单缝制

C. 手工编织　　　　　　　　　　　D. 机器压铸

（3）服饰品设计的核心目的是（　　　）。

A. 降低成本　　　　　　　　　　　B. 追求时尚潮流

C. 展现美学与功能性的完美结合　　D. 仅为满足市场需求

（4）下列选项中（　　　）不属于服饰品设计时应考虑的基本要素。

A. 款式与结构　　　　　　　　　　B. 色彩与图案

C. 材质与工艺　　　　　　　　　　D. 销售渠道

（5）在服饰品设计中，运用"解构主义"设计理念时，通常会强调（　　　）。

A. 简洁流畅的线条　　　　　　　　B. 结构的重组与颠覆

C. 复古元素的叠加　　　　　　　　D. 对称与均衡

（6）刺绣工艺在服饰品设计中应用的主要体现在（　　　）。（多选）

A. 增强服饰的立体感　　　　　　　B. 增强服饰的保暖性

C. 丰富服饰的装饰效果　　　　　　D. 提高服饰的耐磨性

三、实训题

（1）设计并制作头饰，每人完成 1 件实物作品。

（2）设计作品图册。图册内容包括以下 4 个方面。

① 作品的灵感来源及设计草图。

② 作品制作过程图。

③ 作品的成品照片及细节展示照片。

④ 与此服饰品风格一致的服装效果图。

第 5 章
服饰品设计制作的
未来发展趋势

【本章要点】

（1）高科技在服饰品设计上的应用。

（2）3D 打印技术在服饰品设计上的应用。

【本章引言】

服饰品与人类社会的发展变化密切相关，随着科技的发展，服饰品设计的手段也随之变化多样。

5.1 高科技在服饰品设计上的应用

5.1.1 编程与电子技术的应用

编程是编写程序的简称，就是让计算机为解决某个问题而使用某种程序设计语言编写程序代码，并最终得到相应结果的过程。

电子技术是根据电子学的原理，运用电子元器件设计和制造某种特定功能的电路，以解决实际问题的学科，包括信息电子技术和电力电子技术两大分支。

例如，高定设计师 Clara Daguin 设计的"Aura Inside"是一件介于服装和互动艺术装置之间的服饰品，如图 5.1 所示。

图 5.1　Aura Inside| 作者：Clara Daguin

5.1.2　感应装置的应用

感应装置中的传感器是接收信号或刺激并反应的器件，能将待测物理量或化学量转换成另一对应输出的装置，常用于自动化控制、安防设备等。传感器是感应装置的核心组成部分，是一种检测装置，能感受到被测量的信息，并能将感受到的信息按一定规律变换成电信号或其他所需形式的信息输出，以满足信息的传输、处理、存储、显示、记录和控制等要求。

传感器具有微型化、数字化、智能化、多功能化、系统化、网络化等特点，是实现自动检测和自动控制的首要环节。传感器的存在和发展，让物体有了触觉、味觉和嗅觉等感官，让物体慢慢变得活了起来。

例如，荷兰设计师 Anouk Wipprecht 设计了一款带有距离感应器的服装，如图 5.2 所示。设计师周建鑫设计了一款带有呼吸感应器的服装，如图 5.3 所示。

图 5.2　带感应装置的服装设计 | 作者：Anouk Wipprecht

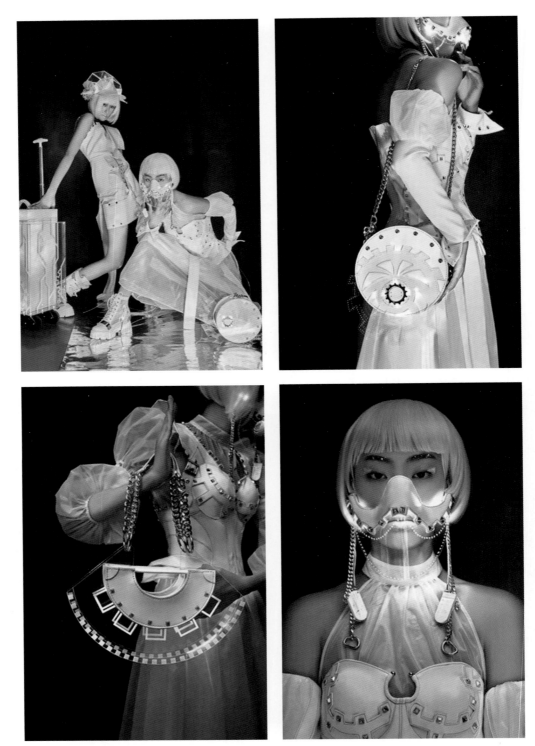

图 5.3　带感应装置的服装设计｜作者：周建鑫

5.2　3D 打印技术在服饰品设计上的应用

　　3D 打印是快速成型技术的一种，它是一种以数字模型文件为基础，运用粉末状金属、亚克力等可黏合材料，通过逐层打印的方式来构造物体的技术（图 5.4、图 5.5）。

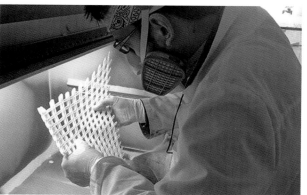

图 5.4　3D 打印技术

图 5.5　3D 打印雕刻机

3D 打印通常是采用数字技术材料打印机来实现的，常用在模具制造、工业设计等领域来制造模型，并逐渐用于一些产品的直接制造。3D 打印技术在珠宝、鞋类、建筑、汽车、航空航天等领域都有应用。同时，3D 打印技术在服饰品设计领域也有应用，设计师可以用它来打印、制作服饰品，如图 5.6、图 5.7 所示。

图 5.6　3D 打印的服装 1

图 5.7　3D 打印的服装 2

思考与实践

一、填空题

（1）为了提高服饰的个性化，未来设计师可以利用＿＿＿＿、＿＿＿＿等技术为消费者提供定制化服务。

（2）未来高科技服饰品的发展趋势之一是结合＿＿＿＿、＿＿＿＿、＿＿＿＿等技术，为用户提供更多便利。

（3）随着智能科技的进步，＿＿＿＿、＿＿＿＿、＿＿＿＿将在服饰品设计中发挥重要作用，帮助实现服装与用户的互动。

（4）3D 打印技术在服饰品设计中的应用，使得＿＿＿＿、＿＿＿＿的服饰品设计成为可能，同时提高了材料的利用率。

（5）为了满足消费者对环保和健康的双重需求，未来服饰品可能会集成＿＿＿＿功能，如监测心率、睡眠质量等。

二、选择题

（1）在智能服饰设计中，以下功能中（　　）可能有助于健康监测。

A. 集成触摸屏　　B. 温度感应器　　C. 语音识别系统　　D. 高清摄像头

（2）下列趋势中（　　）符合未来高科技服饰品在个性化方面的追求。

A. 大规模生产　　B. 定制化服务　　C. 统一尺码　　D. 单一风格

（3）未来高科技服饰在材料创新方面，以下（　　）材料可能被采用。

A. 石墨烯　　　　B. 普通棉布　　　C. 金属纤维　　　D. 玻璃纤维

（4）以下选项中（　　）技术未来在服饰品设计中可能被广泛应用。

A. 3D 打印　　　 B. 量子计算　　　C. 虚拟现实　　　D. 以上全是

（5）以下选项中（　　）技术最有可能在未来服饰品设计中占据重要地位。

A. 区块链　　　　B. 3D 打印　　　 C. 人工智能　　　D. 量子计算

三、实训题

根据本章内容从未来材料的发展方面进行一定的拓展调研并形成文档。

CHAPTER SIX

第 6 章
作品赏析

【雨夜 |
作者：李书琳 】

【白化珊瑚 |
作者：魏潇池 】

【壁剑暮河 |
作者：王峥然 】

【春时花宴 |
作者：蒋莉萍 】

【春之露 |
作者：李淼 】

【蝶语 |
作者：沙雨彤 】

【落水荷 |
作者：王嘉怡 】

【森中之灵 |
作者：史英奇 】

【珊瑚独白 |
作者：任颖 】

【设计作品 1 |
作者不详 】

【设计作品 2 |
作者不详 】

【设计作品 3 |
作者不详 】

【设计作品 4 |
作者不详 】

【设计作品 5 |
作者不详 】

服饰品设计作品赏析如图 6.1～图 6.25 所示。

图 6.1　奇幻 | 作者：赵欣

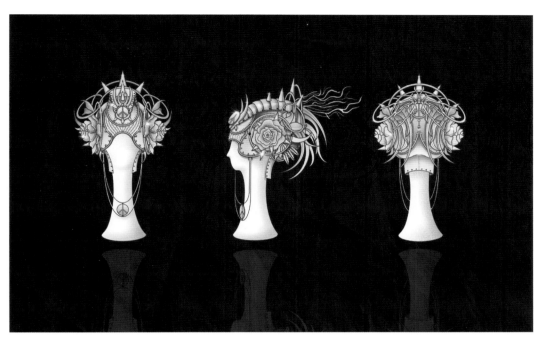

图 6.2   繁花战甲 | 作者：王鑫玥

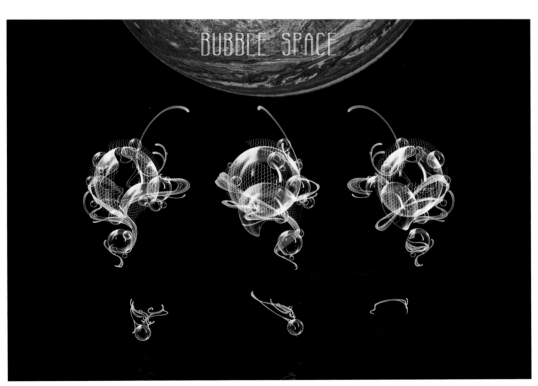

图 6.3   宇宙畅想 | 作者：王子萌

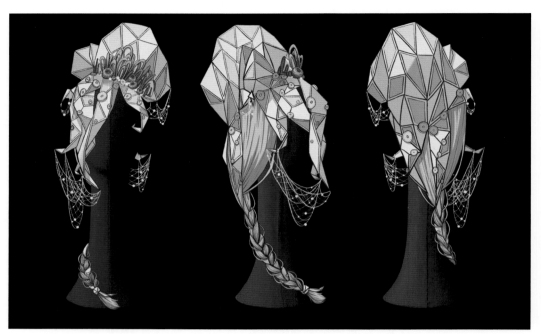

图 6.4 海幻 | 作者：何雨珊

图 6.5 海语画 | 作者：杨宇

图 6.6　旗袍 | 作者：宋岩

图 6.7　珊瑚 | 作者：肖雯

图 6.8　扇之舞 | 作者：张颖雪

图 6.9　戏金鱼 | 作者：隋文乔

图 6.10 水母 | 作者：吴雨萱

图 6.11 战士 | 作者：武雪倩

图 6.12　辉夜薇星 | 作者：徐鹤

图 6.13　羽之舞 | 作者：刁今

图 6.14　埃及艳后 | 作者：唐丹丹

图 6.15　戎马生涯 | 作者：李浩然

图 6.16　No.6 | 作者：梁雨

图 6.17　虚幻 | 作者：张义胜

图 6.18 浮光跃金 | 作者：张旭雅

图 6.19 珊瑚独白 | 作者：任颖

图 6.20　学生作品 1

图 6.21　学生作品 2

图 6.22　学生作品 3

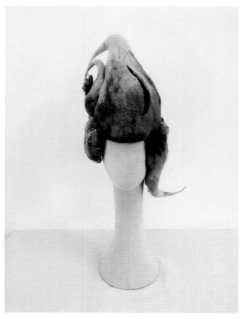

图 6.23　学生作品 4

图 6.24　学生作品 5

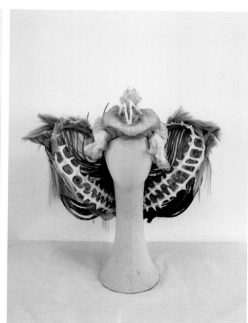

图 6.25　学生作品 6

参考文献

任绘.首饰设计［M］.重庆：西南师范大学出版社，2004.

李晓蓉.服饰品设计与制作［M］.重庆：重庆大学出版社，2010.

张嘉秋，车岩鑫.服饰品设计［M］.北京：中国传媒大学出版社，2012.

苏洁.服饰品设计［M］.北京.中国纺织出版社，2009.